U0163447

数学与思维

徐利治 王前 ◎ 著

MATHEMATICS

AND THINKING

SCIENCE & HUMANITIES

03

数学科学文化理念传播丛书（第二辑）

1 2 3 4

大连理工大学出版社
Dalian University of Technology Press

图书在版编目（CIP）数据

数学与思维 / 徐利治，王前著. -- 大连 ：大连理
工大学出版社，2023.1
（数学科学文化理念传播丛书. 第二辑）
ISBN 978-7-5685-4047-6

Ⅰ. ①数… Ⅱ. ①徐… ②王… Ⅲ. ①数学－关系－
思维 Ⅳ. ①O1-05

中国版本图书馆 CIP 数据核字（2022）第 247820 号

数学与思维

SHUXUE YU SIWEI

大连理工大学出版社出版

地址：大连市软件园路 80 号　邮政编码：116023
发行：0411-84708842　邮购：0411-84708943　传真：0411-84701466
E-mail：dutp@dutp.cn　　URL：https://www.dutp.cn
辽宁新华印务有限公司印刷　　　　大连理工大学出版社发行

幅面尺寸：185mm×260mm　　印张：7.75　　字数：122 千字
2023 年 1 月第 1 版　　　　　　　2023 年 1 月第 1 次印刷

责任编辑：王　伟　　　　　　　　　责任校对：李宏艳
封面设计：冀贵收

ISBN 978-7-5685-4047-6　　　　　　　定价：69.00 元

SCIENCE
&
HUMANITIES

数学科学文化理念传播丛书·第二辑

编 写 委 员 会

写在前面①

一

20 世纪 80 年代,钱学森同志曾在一封信中提出了一个观点.他认为数学应该与自然科学和社会科学并列,他建议称为数学科学.当然,这里问题并不在于是用"数学"还是用"数学科学".他认为在人类的整个知识系统中,数学不应该被看成自然科学的一个分支,而应提高到与自然科学和社会科学同等重要的地位.

我基本上同意钱学森同志的这个意见.数学不仅在自然科学的各个分支中有用,而且在社会科学的很多分支中有用.随着科学的飞速发展,不仅数学的应用范围日益广泛,同时数学在有些学科中的作用也愈来愈深刻.事实上,数学的重要性不只在于它与科学的各个分支有着广泛而密切的联系,而且数学自身的发展水平也在影响着人们的思维方式,影响着人文科学的进步.总之,数学作为一门科学有其特殊的重要性.为了使更多人能认识到这一点,我们决定编辑出版"数学·我们·数学"这套小丛书.与数学有联系的学科非常多,有些是传统的,即那些长期以来被人们公认与数学分不开的学科,如力学、物理学以及天文学等.化学虽然在历史上用数学不多,不过它离不开数学是大家都看到的.对这些学科,我们的丛书不打算多讲,我们选择的题目较多的是那些与数学的关系虽然密切,但又不大被大家注意的学科,或者是那些直到近些年才与数学发生较为密切关系的学科.我们这套丛书并不想写成学术性的专著,而是力图让更大范

---

① "一"为丁石孙先生于 1989 年 4 月为"数学·我们·数学"丛书出版所写,此处略有改动;"二"为丁石孙先生 2008 年为"数学科学文化理念传播丛书"第二辑出版而写.

围的读者能够读懂,并且能够从中得到新的启发.换句话说,我们希望每本书的论述是通俗的,但思想又是深刻的.这是我们的目的.

我们清楚地知道,我们追求的目标不容易达到.应该承认,我们很难做到每一本书都写得很好,更难保证书中的每个论点都是正确的.不过,我们在努力.我们恳切希望广大读者在读过我们的书后能给我们提出批评意见,甚至就某些问题展开辩论.我们相信,通过讨论与辩论,问题会变得愈来愈清楚,认识也会愈来愈明确.

二

大连理工大学出版社的同志看了"数学·我们·数学",认为这套丛书的立意与该社目前正在策划的"数学科学文化理念传播丛书"的主旨非常吻合,因此出版社在征得每位作者的同意之后,表示打算重新出版这套丛书.作者经过慎重考虑,决定除去原版中个别的部分在出版前要做文字上的修饰,并对诸如文中提到的相关人物的生卒年月等信息做必要的更新之外,其他基本保持不动.

在我们正准备重新出版的时候,我们悲痛地发现我们的合作者之一史树中同志因病于上月离开了我们.为了纪念史树中同志,我们建议在丛书中仍然保留他所做的工作.

最后,请允许我代表丛书的全体作者向大连理工大学出版社表示由衷的感谢!

丁石孙

2008 年 6 月

目　录

数学研究与左右脑思维的配合

绪 论

数学从它诞生那天起,就与思维结下了不解之缘.数学的存在和发展都要依靠思维,都要通过思维来表现.反过来,数学又是思维的工具.精湛的思维艺术常常要借助数学显示其美感和力量."数学思维"作为一个统一的名词,经常挂在学者们的嘴边.人们对它的使用习以为常,大都不假思索.既然如此,专门写这样一本小书来讨论数学与思维,又有什么意义呢?

诚然,"数学思维"一词是被人们用惯了的,但用惯了的东西未必就是深刻理解了的东西.笼统地讲"数学思维",每个学过数学的人都会联想到以往的许多数学思维活动,产生一种生动直观的,但却一言难尽的感受.但是要继续追问数学思维的本质特点和规律性,追问数学思维的不同类型和作用,追问数学思维与其他思维活动的关系,那就不是谁都能回答的了.对数学思维的深刻理解,必须经历一番深沉的思索.当然,这种思索不应该是枯燥无味的,它应该充满机智、幽默和创造的活力."深沉"的含义在于不能浅尝辄止,而应该有一种深入事物内部穷追不舍的精神.

对"数学思维"的思索,首先需要对其进行适当的解剖.这就是我们为什么要讨论"数学与思维"而不是"数学思维"的原因.把"数学"与"思维"分开来考察,再来看两者间的内在联系,许多事情可以看得更清楚些,更准确些.数学的思维活动在许多方面与其他科学的思维活动类似,同时又有自身特点.过去人们往往只注意数学思维活动与其他科学思维活动的差异,而且有时把这种差异绝对化.问题恰恰就出在对共性的忽视上.过去人们常常强调数学思维具有"高度的抽象性"

和"严密的逻辑性".这是不错的.但数学思维同时还具有类似自然科学思维的"观察、实验、类比、归纳"等特点,甚至具有类似社会科学思维的"猜测、反驳、想象、直觉、美感"等特点.当思维的所有类型差不多在数学中都能找到类似物时,人们自然要想到,这究竟是怎么一回事呢? 数学与思维是怎样一种关系呢? 数学思维与人脑构造是怎样一种关系呢? 人们的眼界势必要扩大到整个思维科学和脑科学领域,在这样一个背景下认识数学思维自身的特点.

恰好,现代思维科学和脑科学研究的新进展,为解决这方面问题提供了重要资料和线索.现在,人们知道,人的大脑的两个半球具有不同的功能.左半脑主要担负逻辑分析和推理的任务,右半脑主要担负形象思维和审美的任务.左、右半脑在生理机制上互相联系、互相促进.一个半脑的发展明显有助于另一个半脑机能的改善.过去人们常常强调的数学思维的抽象性和逻辑性,是同左半脑的思维功能相联系的.而数学思维具有的"实验、猜测、想象、直觉、美感"等特点,是同右半脑的思维功能相联系的.因此,我们对数学与思维关系的探讨,就需要考虑到两个半脑思维的不同特点及其相互关系.在本书中,我们分别讨论了数学与"左脑思维"和"右脑思维"的关系,并以此为基础探讨了数学思维与左右脑的配合问题,通过这样进一步的解剖过程,就能对数学与思维的关系获得更深入的认识.

讨论数学与思维的关系,对于数学研究和数学教育都有十分重要的意义.近年来,国内外数学界都很注重对数学发现和创造过程中思维活动规律的研究.[①]美国著名数学家 G. 波利亚(G. Polya)所著的《怎样解题》《数学的发现》《数学与猜想》等书译成中文出版后,产生了广泛影响.英国数学哲学家 I. 拉卡托斯(I. Lakatos)的《证明与反驳》一书,也使数学工作者深受触动,思路大开.这些著作实际上都是从不同角度讨论数学与右脑思维的关系,作为对以往人们过于注重数学与左脑思维关系的偏向的补偿.应该指出,以往人们对数学与左脑思维关系的研究也是不够深入的.对数学逻辑严密性的追求往往是不言而喻的自发行动,但却很少考虑数学左脑思维的一般特点、必要性和局

---

① 本书所引文献出处均以当页脚注形式给出.第一次出现时注明文献刊出的期刊名称或出版单位以及出版时间和作者,以后再出现同一文献时,均只给出名称和页码,而不再注明版本和时间.

限性.数学研究和数学教育常常被当成抽象晦涩、枯燥刻板的事情.
G.波利亚和 I.拉卡托斯等人的工作,给数学研究和数学教育带来了
一股新鲜气息,在一定程度上恢复了数学思维生动、机智,充满创造活
力的本来面目.数学界的这种思想变化表明,数学与思维的关系正在
成为今后数学发展的一个焦点.这方面的研究有可能使数学研究和数
学教育获得新的动力,出现新的景象.

在数学研究方面,数学与思维的关系历来是由数学家自发地维系
着的.当数学与思维的关系成为自觉的认识对象时,必然会大大提高
数学研究的水平.数学工作者们可以通过不断反思,不断调整自己的
思维结构,训练自己的思维能力,用灵活的方法和高超的技巧解决历
史遗留的难题,开拓新的研究方向.对于数学家来说,最重要的是有一
个思维灵敏的大脑.任何重大的数学发现和创造都是数学家思维方式
发生大变革的结果.如果数学家能够比较自觉地把握思维方式的变化
规律,显然会焕发更多的聪明才智,获得更加丰硕的成果.

在数学教育方面,数学与思维的研究将促进数学课程和教学方法
的改革.现在人们越来越多地讨论着已往数学教育中的某些弊端,诸
如过分强调死记硬背大量规则,做大量经验性的练习,忽视思想内容
和能力训练,等等.美国数学家 A.拉克斯(A.Lax)和 G.格罗特
(G.Groat)曾指出:"当用记忆规则的教学铺平通往正确答案的道路
时,学生就没有贡献其创造力的余地.学生们看不出数学和思维有关
系;他们把它与一堆需要记忆的公式和规则联系在一起."[①]要克服这
种倾向,必须从一般的意义上弄清楚数学与思维的关系,使数学教师
和学生们都意识到忽视数学思维能力带来的危害.这样才能逐渐选择
合适的教学内容、教学原则和方法,从小培养学生的创造性,使数学真
正成为一门思维的艺术,在现实应用中发挥更大的作用.

对数学与思维关系的讨论,在我国数学教育改革和发展中有特殊
重要的意义.应该看到,由于我国传统文化的影响,人们往往只是从工
具的角度来理解数学的功能,强调其算法性质.数学教育中比较注重
计算和应用,而对逻辑思维和创造能力的培养都不甚注意.换言之,由

---

① L.A.斯蒂恩主编:《明日数学》,华中工学院出版社 1987 年版,第 90-91 页.

于传统文化的影响,数学与左脑思维和右脑思维的关系都未能得到深入研究.因此,我国的数学教育尽管也有相当的规模和实力,但获得的世界一流的研究成果还为数不多,也没有形成若干有自己思想特色的学派.要想使我国的数学研究进入世界先进水平,必须在数学教育中打下坚实的思想基础.从现在起,就应该重视数学的思维功能,重视学生们思维能力的培养.这一点应该引起我国数学界足够的注意.

讨论数学与思维的关系,对于数学之外的很多学科领域也是很重要的.自古以来,特别是在欧洲文化思想的发展过程中,学习数学一直有着训练逻辑思维的功能.古希腊的几何学中之所以强调"尺规作图",目的正是在于把训练逻辑思维的功能尽力加以发挥.研究数学与思维的关系,有助于人们了解数学在培养逻辑思维能力方面的意义和作用,提高逻辑思维的水平.这对于自然科学和社会科学各领域的发展都是大有好处的.对数学与思维关系的探讨,还有助于思维科学的发展.数学思维的丰富内容为思维科学研究提供了大量生动素材,促使人们更深入地思考思维过程的一般规律,了解各种思维活动的本质特点及其相互关系.由此看来,非数学专业的科学工作者,也都能从数学与思维的讨论中有所收获,有所补益.

数学与思维的关系是一个大题目,而本书只是做了一些初步探讨,未必涉及数学与思维关系的所有层面.对于读者来说,本书是一部入门性质的书籍,力求适应不同文化知识结构的较广大的读者群,尽量写得深入浅出,通俗易懂,又不失哲理性和启发性,目的在于引起更多的读者的兴趣,与我们一起来重视和深入探讨数学与思维的关系.一般说来,具有一定数学史知识和高中以上文化知识的读者,读这本书大概是不会有困难的.但是要抓住这个课题深入钻研下去,我们大家都要付出更多的气力.愿本书成为对数学与思维进行广泛研究的新的开端.

数学与左脑思维

一　数学与抽象

1.1　数学的对象与抽象思维

　　数学是抽象性极强的一门科学. 数学的对象都是抽象思维的产物. 研究数学对象与抽象思维的关系，是对数学与思维关系进行探讨的出发点.

　　"抽象"这个词，来源于拉丁文"abstractio"，原文含有"排除、抽出"的意思. 所谓抽象思维，一般指抽取出同类事物的共同的、本质的属性或特征，舍弃其他非本质的属性或特征的思维过程. 这里有两个条件：第一，抽象出来的本质属性或特征原来就存在于同类事物之中，抽象的过程只是把它分离了出来；第二，抽象出来的一定是事物的本质属性或特征，是决定其他非本质的属性或特征的东西. 数学的抽象思维在很多情况下也具有这样的特点，但在另一些情况下则不尽然.

　　有许多数学对象是依靠抽取的办法获得的. 比如从三只鸟、三个苹果和三棵树这类具体事物中抽象出"三"这个数字概念，在全体偶数、全体整数、全体有理数、全体实数这些集合的性质中抽象出"基数"这个概念，等等. 古语说："有所得必有所失". 经过这样抽象获得的数学对象，在概念外延上更宽广一些，但在内涵上（或结构上）就贫乏软弱一些. 我们不妨称这种抽象类型为"弱抽象". 举个稍微深一点的例子. 如果我们考察欧氏空间内积具有的性质，把它的基本性质抽取出来作为内积公理，舍弃欧氏空间内积的其他性质和具体形式，这样就得到了抽象的"内积"概念，它包括一切满足内积公理的关系. 具有内积的线性空间叫作内积空间. 内积空间比欧氏空间广，但内积空间中的拓扑结构比欧氏空间弱. 弱抽象简单地说就是减弱数学结构的抽象.

弱抽象的关键在于从数学对象的众多属性或特征中辨认出本质属性或特征,从貌似不同的同类数学对象中找出共同的东西.这种抽象思维的法则,可称为"特征分离概括化法则".运用这种法则需要很强的思维技巧,灵活地变换思考问题的角度.试看下面两个图形①:

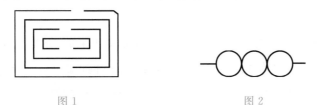

图 1　　　　　　　　　　　图 2

图 1 和图 2 初看起来似乎没有任何共同之处.图 1 像是一系列套盒,图 2 像是珍珠项链的简图.但仔细看来,这两个图形有一个重要方面是完全相同的.如果把图 1 看成一个迷宫图,我们尝试找一条从外边通向最里层的途径.经过充分调查之后,我们可以全面描述通行路线.假如这个迷宫图如图 3 那样标记,那么可描述如下:

从外界 O 进入门 A,然后有二通道 B 和 C 都可通往门 D,门 D 里有二通道 E 和 F 都可通往门 G,门 G 里有二通道 H 和 I 都可通往门 J,门 J 里面是最内的居室 S.

现在假定把图 2 标记如图 4.

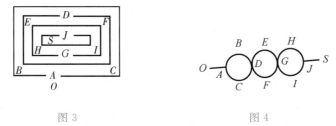

图 3　　　　　　　　　　　图 4

那么很容易看出,当我们从左向右旅行时,用于图 3 的描述也运用于图 4.因而两个图形在这方面是完全一致的.由于只考虑通行路线的性质,我们就从两个貌似不同的数学对象中抽取出一个具有共性的概念——"网络".两个图形的网络性质是完全相同的.

这个抽象过程还可以再进一步,并且完全同几何学相分离.在上面的网络里,用字母标记通道相交之处,联结不同点的线现在只剩下符号了.我们可以把这些关系写成"AB,1;BC,2;CD,2;DE,2;EF,

①　注:这里的图 1 至图 4 选自 P. J. Davis,R. Hersh:The Mathematical Experience,Birkhäuser,1981,Chapter Ⅳ.

1"，用来表明 A 与 B 之间有一条通道，B 与 C 之间有两条不同通道，等等(图 5). 这样，具有几何意义的网络就被进一步抽象为只具有组合性质的抽象网络，它只表示一组结点及结点间的关系.

图 5

下面我们考虑另一种类型的抽象. 它的产物不是从同类事物的众多属性或特征中抽取出来的，而是通过把新特征引入原有数学结构加以强化而形成的. 此种抽象可称为"强抽象". 比如，在函数概念中引进连续性概念，构成连续函数概念，对线性空间引入拓扑结构以构成线性拓扑空间. 点、线、面等几何元素同各种变换关系相结合，逐渐产生了相似、仿射、射影、同胚等概念，等等. 经过这样抽象获得的数学对象，在概念外延上要变得窄一些，但在内涵上更丰富具体. 当然需要注意，这里所说的"具体"不是指感性认识中的具体，而是指抽象思维中的"具体". 这种"具体"是对感性的具体中本质属性的综合. 人们的认识首先是从感性的具体表象出发，通过思维活动分析出各种孤立的、抽象的规定(这是"弱抽象"的过程). 然后，这些孤立的、抽象的规定又在思维中被联结起来，综合成思维中的"具体". 由于思维中的"具体"综合了感性的具体中的本质属性和特征，因而它在反映客观世界方面就比感性的具体更正确、更完全、更深刻. 这就是说，强抽象并不是抽象思维的倒退，不是由抽象思维退回到感性的具体，而是抽象思维的进步，是上升到了一个更高的阶段. 数学中有很多强抽象的产物，如解析函数、巴拿赫空间、纤维丛等，它们看上去极为抽象，但却在物理学中得到重要应用. 这就是由于它们更具体，更接近现实世界，特别是那些为人们的感觉经验无法直接把握的世界.

强抽象的关键是能把一些表面上看来互不相关的数学概念联系起来，引进某种新的关系结构，并把新出现的性质作为特征规定下来. 这种抽象思维法则可称为"关系定性特征化法则". 运用这种法则不仅需要数学工作者有渊博的知识背景和较大的思维跨度，而且需要对数学作为一个整体的内在统一性有较深刻的理解. 希尔伯特曾指出："数学科学是一个不可分割的有机整体，它的生命力正是在于各个部分之间的联系. ……数学理论越是向前发展，它的结构就变得越加调和一致，并且这门科学一向相互隔绝的分支之间也会显露出原先意想不到的关系.因此,随着数学的发展,它的有机的特性不会丧失,只会更清楚地呈现出来."①正是由于有这样的指导思想,希尔伯特一生贡献出大量强抽象的产物,如在他的直接和间接影响下发展起来的希尔伯特空间理论、范数剩余理论、多项式理想理论等②.现代数学的发展尽管越来越抽象,但却没有任何贫乏枯竭的迹象,反而越来越显得内容丰富、充满活力,这在很大程度上取决于强抽象的力量.这种类型的抽象不断把弱抽象的成果联结起来,统一起来,才使数学的有机整体得以发展壮大.

作为强抽象的一种特殊情况,是在具有对偶关系的数学结构之间进行的,即根据对偶性质,由已知数学结构引导到与之对偶的新的数学结构.这种情况下的抽象思维法则可称为"结构关联对偶化法则".它是"关系定性特征化法则"在特定场合中的具体应用.对偶关系的引入看来简单一些,但比较可靠,富有成果.比如在平面几何中,人们发现由点、线等关系结构形成的几何命题或定理,只需把点换成线,线换成点,并把诸种几何关系换成相应的对偶关系后,所得到的新命题或新定理仍然成立.这样,几何中每一条定理及其对偶定理只需证明一个就够了.又如,在泛函分析中,为了研究一个函数空间结构,往往转而研究它的对偶空间或共轭空间.在博弈论中研究对偶策略,在规划论中考虑对偶规划,在积分变换与数列变换中研究互逆变换等,都是把一对数学结构按对偶化法则关联起来,获得更为完全的思维中的"具体".

数学抽象的第三种类型是较为特殊的,可以称之为"构象化抽象".这种抽象类型的产物,是一些不能由现实原型直接抽取的,完全理想化的数学对象,比如只有位置没有大小的点、没有宽窄且无限延伸的直线、没有厚度又没有边界的平面、虚数、无穷小量、无限远点等.它们是出于数学发展的逻辑上的需要而构想出来的,其作用在于可以作为一种新元素添加到某种数学结构系统中去,使之具有完备性,即运算在此结构系统中畅行无阻.这种类型的抽象思维法则可称为"新元添加完备化法则".比如,在有理数系统上引进极限运算后就会遇到

① 康斯坦西·瑞德:《希尔伯特》,上海科学技术出版社,1982年,第103页.
② 《数学史译文集》,上海科学技术出版社1881年,第33-58页.

极限是否总存在的问题,而无理数作为新元素添加进去,就使实数系统具有完备性.与此类似,在实变函数论中,勒贝格可积函数与平方可积函数概念的引入,就使 L_1 与 L_2 均成为完备空间.

数学抽象的第四种类型也具有完全理想化的色彩,不过其产物不是某种新的数学概念,而是对新的公理(或基本法则)的完全理想化的构想,因而可称为"公理化抽象".这种抽象的作用在于更换公理(或基本法则),以排除数学悖论,使整个数学理论体系恢复和谐统一.它的抽象思维法则可称为"公理更新和谐化法则".比如,伽利略很早就发现自然数和一切平方数可以一一对应,这同"部分小于整体"的公理相矛盾.康托尔和戴德金用"一一对应"作为比较有限集和无限集大小的基本法则,于是排除了伽利略悖论.与此类似,非欧几何学平行公理的引入,现代公理化集合论的建立,都是运用"公理更新和谐化法则"的著名例子.这种抽象法则还具有更广泛的意义.相对论的基本原理和海森堡的"测不准原理"都可以说是运用这种抽象法则的产物.

数学抽象的后两种类型同前两种相比,显得特殊一些.但是,它们同数学中弱抽象和强抽象的产物有着密不可分的联系.它们和前两种类型的抽象一样,也能更深刻地揭示数学对象之间的本质联系,而这也需要不断舍弃研究对象的非本质属性或特征(只不过是舍弃得太彻底了,以至于不能借助于感性的具体表象中任何属性或特征加以表达,只好创造出完全理想化的对象来表示数学对象的本质联系).从这个意义上说,把完全理想化的对象看作数学抽象的一种特殊产物也是可以的.但是要注意,完全理想化的抽象不是随意的,而是要符合逻辑相容性的要求.希尔伯特把无穷称为理想元素,把以实无穷的存在为前提的命题称为理想命题.他认为,"只有不因之而把矛盾带入于那原有的较狭的领域里,通过增加理想元素的扩张才是可允许的."[1]

大体上经过以上四种类型的抽象过程,数学对象就在思维的能动作用下产生出来了.一般说来,数学抽象思维的发展,首先是从弱抽象开始,然后到强抽象,再到新的弱抽象,以及随之而来的新的强抽象.在这个过程中,根据数学逻辑体系发展的需要,不断补充以完全理想

[1] 转引自王宪均:《数理逻辑引论》,北京大学出版社,1982年,第325页.

化的抽象.数学抽象思维的发展具有层次性,最低的层次是感性认识直接把握的现实世界数量关系.经过初步的弱抽象和强抽象,可以获得较低层次的思维中的"具体".随着数学家对思维中的"具体"的熟悉,它们也会带有某些感性特征,成为新的抽象的出发点.因此,在数学抽象思维的发展过程中,抽象与具体的区分是相对的.正如美国数学家 R.库朗(R. Courant)所说:"在数学中,'具体'、'抽象'、'个别'和'一般'种种概念,并没有固定不变或者绝对的含意.它们主要依赖于心理状态、知识水平以及数学材料的性质.例如,由于很熟悉而已经吸收的东西,就很容易被看作具体的.'抽象化'和'一般化'这两个词所描述的,并不是静止状态或最终结果,而是从某个具体层次出发并试图达到'更高级'层次的能动过程."①

由于"抽象"一词的原意与弱抽象接近,所以有些人对数学抽象思维存在一些误解,以为数学抽象就是越来越空洞,内容越来越贫乏,与现实生活越来越远.这样就很难理解,为什么如此空洞贫乏的东西还有研究的必要呢?为什么数学家还有那么多话好讲呢?为什么极度抽象的数学理论竟然在现实世界中得到重要应用呢?如果我们认识到数学的抽象并不只是弱抽象一种类型,而是还有强抽象和两种完全理想化的抽象,认识到抽象和具体的相对性,以及理想化与现实的辩证关系,所有这些问题便都迎刃而解了.

现代脑科学和思维科学的研究表明,数学的抽象思维是大脑左半球的功能,是典型的左脑思维.如果左半球的各区域受到损伤,抽象思维的功能就遭到损失.如果左半球完全失效,抽象思维就不可能存在.②但是,由于数学的抽象思维还涉及思维中的"具体",涉及完全理想化的抽象,而构思思维中的"具体"和完全理想化的抽象还需要综合、想象、创造等方面的能力,这又与右脑思维有关.因此,从数学的抽象思维开始,就出现了左右脑思维相互配合的问题.如果单纯依靠左脑思维,单纯强调弱抽象,不能保持数学抽象四种类型的平衡发展,那么数学抽象思维发展到一定阶段就会出现障碍,变得空洞无物,缺乏成果,脱离实际.关于右脑思维如何参与数学抽象思维活动的问题,还

① 《数学史译文集续集》,上海科学技术出版社,1985 年,第 84 页.
② 参见谢尔盖耶夫:《智慧的探索》,三联书店,1987 年,第 92-95 页.

需要作进一步的深入探讨,我们将在后面的章节中具体展开.

1.2 数学的方法与抽象思维

抽象思维不仅参与数学对象的创造,也影响到数学的方法的使用.我们这里讲的数学的方法,指的是数学处理自身对象的办法,包括数学的分析、证明和推广等.

首先来看数学的分析方法.所谓分析方法,就是通过分析,抓住问题的实质,把问题转换形式(即等价变形),以便达到化难为易,化繁为简的目的.遇到较复杂的情况,还需要把已经转换后的问题进行分解(分解成各个组成部分或分解为若干可能情形),然后各个击破,以使问题获得全部解决.在数学的分析过程中利用抽象思维,有助于迅速抓住问题实质,简化问题,顺利获得答案.

我们来看数学史上一个有名的例子:

18世纪东普鲁士的哥尼斯堡有一条布勒尔河,这条河有两个支流,在城中心汇合成大河,中间是岛区.河上有七座桥如图6所示.

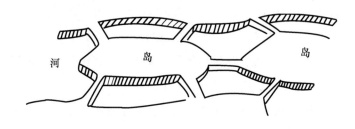

图 6

哥尼斯堡的大学生傍晚散步时,总想一次走过七座桥,而每座桥只走一遍,可是试来试去总办不到,于是便写信请教著名数学家欧拉,欧拉就是运用抽象思维,成功地解决了这个问题.欧拉的具体思路是这样的:首先,岛与半岛无非是桥梁的连接地点,两岸陆地也是桥梁通往的地点.既然这四处地点只起桥梁的连接点作用,那么就可以把它们抽象成四个点,而把桥梁抽象成七条线.于是人们步行走过这些地点和七座桥时,就相当于用笔画出图7.因此,一次无重复地走过七座桥的问题,就转化为一笔画出这个图形的问题.接着,欧拉又考虑"一笔画"的结构特征.一笔画有一个起点和一个终点,起点和终点重合者称封闭图形,除起点和终点外,一笔画中可能出现一些曲线的交点,在

图 7

这些交点处通过的曲线一进一出,总是偶数条,可称为"偶点".由此看来,只有起点和终点处通过的曲线可能是奇数条,称为"奇点".任何一个一笔画图形或者没有奇点,或者有两个奇点.而现在这个图形中四个点都是奇点,因此超出一笔画的范围,不能一笔画成,这意味着七座桥不可能一次无重复地走完.

欧拉解决这个问题的关键是运用抽象思维揭示了哥尼斯堡七桥问题的实质.这个七桥问题与所走路程的长度等度量性质完全无关,因此可以不去考虑.这样就把七桥问题的组合拓扑性质突出地表现出来了,并且成为以后拓扑学研究的重要出发点.数学史上有许多运用抽象思维促进分析方法应用的例子.比如法国数学家伽罗瓦抽象出"群"这个概念,从根本上解决了具有根式可解性的代数方程的特征问题.英国数学家图灵运用抽象思维揭示了"计算"的本质,从理论上论证了"通用计算机"的可能性,等等.法国数学家丢东涅(J. Dieudonne)曾指出:"只有抽象和综合才真正导致了本来就很特殊的情况和经常掩盖着事物本质的那些现象的消失.只是由于它们,才能够弄清楚外表完全不同的问题之间的深刻联系,进而弄清楚整个数学的深刻的统一性."①

抽象思维在数学的证明过程中也发挥着重要作用.有很多时候,数学证明遇到了难以逾越的障碍,原因就在于抽象思维的作用还没有充分发挥,没有使人们的认识达到应有的深刻程度.人们都知道,尝试证明欧几里得几何学第五公设的努力历时两千多年而未奏效,直到19 世纪才有所突破,出现了非欧几何学.而关于几何公理化问题的彻底解决,在 19 世纪末才由希尔伯特完成.为什么会出现这种情况呢?因为人们对几何公理抽象性的认识要经历不断深化的过程.19 世纪以前,几何公理被认为是对不证自明的几何学基本事实的高度概括,是同人们的常识相一致的.因而在证明欧几里得几何学第五公设的过程中,一切同常识相冲突的假设或猜想都被理所当然地否定了.非欧几何学平行公理的提出,只是使人们对几何公理的理解摆脱了常识的

---

① 《数学史译文集》,第 128 页.

束缚,但几何意义仍在,然而,公理系统依赖于逻辑相容性证明的性质已经被突出地表现出来了,因而在抽象程度上还是有进步的.事情到了希尔伯特手里才发生根本性的变革.希尔伯特指出,欧几里得关于点、直线和平面的定义,在数学上其实并不重要.它们成为讨论的中心,仅仅是由于它们同所选择的诸公理的关系.换句话说,不论是管它们叫点、线、面还是桌子、椅子、啤酒杯,它们都能成为这样一种对象:对它们而言,公理所表述的关系都成立.①这样一来,公理化理论就不再局限于几何范围了.数学证明也就变得完全依赖于逻辑相容性.当数学抽象思维发展到这个程度之后,再回过头来看对欧几里得几何学第五公设的证明,就会发现以往的障碍在于没有把常识和几何意义这些公理系统的非本质属性舍弃掉,因而才选择了一条实际上走不通的路.

抽象思维一般说来是有助于数学证明的.但是需要注意,如果数学证明表述得过于抽象,则不利于人们的理解,会妨碍数学成果的推广和应用.抽象是来自具体的.要理解抽象的数学证明,人们头脑中必须形成有关感性的具体或思维中的"具体"的认识.数学抽象思维无论发展到何等程度,弱抽象与强抽象总应相辅相成,缺一不可.有很多重要的数学成果,都是经过严格逻辑证明的,仅仅是由于表述形式过于抽象,甚至为一些著名数学家所拒斥.19世纪德国数学家格拉斯曼(H. G. Grassmann)1844年发表的《线性扩张论》一书,今天看来是一部十分重要的著作.它是后来矢量和张量分析的理论基础.但是他的说明过于抽象,使人感到神秘而晦涩,因而这项工作受到当时数学界的排斥,以致多年默默无闻.与此类似,挪威数学家阿贝尔、法国数学家伽罗瓦、英国数学家凯莱(A. Cayley)等人的数学成果,也都因为其抽象程度超出当时数学界的接受能力而遭到排斥,过了许多年才逐渐被承认.当代美国数学家M.克莱因在评论这种现象时说:"过早的抽象落到了聋子的耳朵里,无论它们是属于数学家的还是属于大学生们的."②为什么这些经过严格数学证明的成果,专业的数学工作者竟然看不懂呢?这正是因为抽象思维的发展有其自身的规律.一些数学家

---

① 康斯坦西·瑞德:《希尔伯特》,第76页.
② M.克莱因:《古今数学思想》(第三册),上海科学技术出版社,1980年,第167页.

在获得重要成果之后,力图在说明新概念、证明新定理时突出本质特征,舍弃一切非本质特征,因而片面强调发展弱抽象,实际上却取得了适得其反的效果.

我们再来看抽象思维在数学推广中的作用.数学的推广范围是与抽象思维的高度成正比的.数学成果一旦获得,人们自然希望从中获得更多的东西.这个过程以一定的抽象思维为基础,又成为更高层次的抽象思维的出发点.在数学发展中,"抽象"和"推广"这两个词总是交替使用的.比如,我们知道末尾是零的数能被 2 整除,经过推广可知末尾是 $0,2,4,6,8$ 的数能被 2 整除.勒让德多项式满足三项递归的要求,切比雪夫多项式满足三项递归的要求,经过推广可知任何一组正交多项式满足三项递归的要求.推广的过程意味着原有命题的一般化,意味着原有的特殊性被逐渐舍弃,更为本质的关系暴露出来,这里就发生着抽象思维的作用.数学推广有时具有启示和猜测的作用,为更加抽象的概念的产生提供线索.假定矩形的边长为 x_1,x_2,那么其对角线长为 $\sqrt{x_1^2+x_2^2}$.立方体的边长若为 x_1,x_2,x_3,其对角线长为 $\sqrt{x_1^2+x_2^2+x_3^2}$.经过推广,可以预测如果有一个 n 维盒子,那么它的对角线长应为 $\sqrt{x_1^2+x_2^2+\cdots+x_n^2}$,这一推广启示人们寻找 n 维情况下对角线公式成立的条件.于是导致了更为抽象的 n 维空间概念和理论的产生.

总的说来,在数学的分析、证明和推广过程中,抽象思维都是不可缺少的.因此,有些科学家倾向于认为,数学的整个认识活动过程,从数学对象到方法,都是由抽象思维贯穿始终的.由于抽象思维是典型的左脑思维,数学思维也就常常作为一个整体被列入左脑的功能之中.许多介绍脑功能定位学说的书刊,都明确提出大脑左半球分管数学认识活动,甚至称左半球为"数学半球".[1]应该承认,数学对象都是抽象思维的产物,都是来自左脑,尽管数学抽象思维过程也有右脑的参与,然而就数学的方法而言,虽然离不开抽象思维,但它还包括抽象思维方法之外的许多内容,如猜测、想象、直觉、合情推理等,这些内容与右脑思维的关系更密切一些.要全面理解数学的方法与抽象思维的

① 汤尼·布仁:《怎样使你的大脑更灵敏》,知识出版社,1985 年,第 12 页.

关系,还需要考察数学的方法的其他方面,从数学的各种方法的相互联系中认识抽象思维的特点和作用.

1.3 数学抽象思维的一般规律

为了进一步认识数学与抽象的关系,需要考察数学抽象思维的一般规律.这个问题包含两个方面,第一,数学研究中的抽象思维是如何进行的? 第二,数学教育中的抽象思维能力是如何发展的?

首先来看第一个问题.大体上说,数学研究中的抽象思维过程基本上经历四个阶段:

第一阶段,主要研究数学现象问题.数学抽象一般是从数学认识活动最初接触的表象开始的,但并非所有的数学表象都能成为抽象的材料.人们在进行数学研究和应用的过程中发现一些反复出现的、预示着某种规律性的数学现象,引起了注意并深入探讨,才能进行自觉的抽象思维活动.最初的数学表象大都是在生产活动中产生的.比如,几何图形的表象来源于土地测量、编织和制作陶器等活动,数字的表象来源于贸易和计时等活动.当数学的发展基本形成一个体系之后,纯粹的数量关系的表象就逐渐居于主导地位,但它们的出现仍然来自一些实际的计算问题.变分法理论的产生起源于"最速降线"问题,群论的一个来源是对晶体结构的研究.E.库莫尔(E. Kummer)的理想数来源于对费马定理的证明.数学抽象往往开始只能抓住一些特殊的表象,而数学工作者的任务就在于从特殊中发现一般,像 F.克莱因(F. Klein)那样,有一种"能在截然不同的问题中洞察到统一的思想,并有一种集中必要的材料来阐明其统一见解的艺术."[1]只有做到这一点,数学表象才能成为有用的材料.

第二阶段,主要是对各种具体数学属性进行分析,逐步去掉非本质属性,而只保留能表明本质属性的数量关系.对于一些新发现的数量关系,还需要有新的符号加以表示,这实际上是一个创造的过程.具有相同数量关系的数学问题在结构上是相同的.同构是类别的基础,而同一类的数学问题才有可能抽象出共同的本质属性或特征.在微积分产生之前,17 世纪有四种主要类型的问题需要解决,即求运动着的

---

① 康斯坦西·瑞德:《希尔伯特》,第 61 页.

物体在任意时刻的速度和加速度、求曲线的切线、求函数的最大值和最小值、求曲线长.这几个问题的数学结构实质上是一致的,因而对它们的进一步研究就导致了统一的微积分运算的出现.

第三阶段,对于已经了解其结构的数学事实,需要根据它和别的数学理论的关系确定其本质属性或特征.新的数学概念总是在原有的数学体系上生长出来的,连接两者的纽带需要牢固的逻辑推理.希尔伯特曾经做过这样的比喻:"一个新的问题,特别是当它来源于外部经验世界时,很像一株幼嫩的新枝,只要我们小心地、按照严格的园艺学规则将它移植到已有数学成就粗实的老干上去,就会茁壮成长,开花结果."[1]不过,在数学中往往有这样的情况,给一个数学概念下确切的定义比使用这个概念要困难得多.这是由于定义反映的不仅仅是运算规则本身,而且包括概念之间的内在联系.而这种联系必须在数学体系发展的一定阶段上才能完全确定下来.

第四阶段,一个数学概念基本上被确定下来之后,需要有一个比较长期的过程使之不断纯化.它可以分成两个方面,一个方面是在概念的内涵方面不断深化.比如"函数"概念,它最早是由莱布尼茨在 1673 年提出来的,但它的定义却经过多次演变.达朗贝尔把函数看作一个"解析式",欧拉把它看作在几何上"能用曲线表示"这一属性.柯西把在欧拉那个时代混在一起的连续性、可微性、能展开成泰勒级数的性质从函数一般概念中分辨出来.而直到黎曼那里,才得出现代通用的定义,即作为一种规律,根据它由自变量的值确定因变量的值[2].另一方面,概念的外延也要不断扩张,这就是上节说到的数学推广的过程.数学概念外延的推广有时会搞得表面上面目皆非.比如乘法运算,最早只限于普通的数字乘法,后来逐渐扩展到多项式、矩阵、矢量的乘法,但总是还和数字乘法有相近之处.到了定义置换的乘法的时候,数字乘法的味道就不多了.但乘法的结合律仍然成立.在集合论中,乘法作为一种代数运算,表示两个集合的乘积集合到另外一个集合的映射.这样一个概念就把各种具体的乘法运算都包括了.经过内涵和外延两个方面的不断完善,一个数学概念的抽象过程才算基本完

[1] 康斯坦西·瑞德:《希尔伯特》,第 97 页.
[2] D. J. 斯特洛伊克:《数学简史》,科学出版社,1956 年.

成了.

在数学体系发生巨大转变的时候,数学抽象思维会遇到较大的困难.这时原有的思想基础不够用了,需要人们站在新的高度,看得更深更远.要实现由旧体系向新体系的跃迁,必须自觉地冲破旧体系中某些特殊规定的局限,充分发挥数学的想象力,敢于提出有科学根据的,然而是从以往的常识看来不可思议的设想.在这样的时候,右脑思维的作用就大大增强了.数学抽象思维的发展有时直接导致同数学之外思想文化因素的冲突.比如,非欧几何的出现不仅打破了传统的欧几里得几何学的局限,也冲破了当时流行的康德哲学的影响.因为康德哲学认为几何学本身是先验的知识,纯粹出自理性.这种哲学的影响是使非欧几何产生后不可能立即为人们接受的重要原因之一.又如,像数理逻辑、公理化方法这样一些数学成果,曾一度被当作"唯心论"的东西加以批判和排斥,其中一个主要原因是它们十分抽象,远远超出了批判者的理解和接受能力,同这些人的经验性较强的文化知识结构发生了冲突.因此,进行数学抽象不仅需要高度的思维能力,也需要胆略.数学抽象思维成果的推广使用,必须考虑到与数学之外诸思想文化因素的相互关系.

下面来看第二个问题,即数学教育中的抽象思维能力是如何发展的?

在数学教学中,讲授抽象概念总是从一些典型的具体问题出发,这完全符合数学概念发生的自然历史过程.记忆抽象概念,也要以一些典型例子为基础.单纯记抽象概念本身,容易成为"空中楼阁".但是,先进入认识和记忆的实例容易成为人们全面理解和运用抽象概念的干扰因素.就是说,这些实例是我们理解和运用抽象概念的基础,但这个基础是有局限性的,真正掌握抽象概念又必须摆脱这种局限性.举一个例子.随便找一个中学生,要他画一个直角三角形,他差不多总要把直角画在下边,或者说画成"站着的",很少有人画成"倒立的"或者随便朝着另外一个方向.为什么会有这种现象呢?因为"站着的"直角三角形习惯上总是作为记忆的第一个实例进入意识中的.这样,要在解题中看出直角朝着任意方向的直角三角形,就必须了解到直角三角形这一概念包括的各种可能情况,克服先前实例的干扰,即心理学上所谓的"负迁移".又如,在数学分析课程中,掌握一致收敛性、一致连续性等概念就比掌握普通的收敛和连续概念困难一些.因为前者处理的函数是后者处理的函数中量的差值.量的差值当然也是量.但普通的收敛和连续概念是先为人们了解的.要在它们处理的量的内部进一步应用收敛和连续概念,分析出更深入的、具有宏观的整体性的特征,就好比"抽象之中的抽象",理解起来显然要受开始例子的干扰.怎样克服这种干扰呢?首先,需要对抽象概念的内涵和外延有充分的了解,善于抓住其实质并了解它的不同例证.其次,要把考察对象从原有问题的复杂联系中分离出来,直接联系概念的定义单独加以研究,要善于"换个角度看问题".

数学概念的定义随着数学体系不断展开而有所变化,也是完全符合数学发展的自然历史过程的.然而一些在不同体系中有着不同定义的概念,却有着相同的或相近的名称.不注意这一点,也会给理解和掌握抽象概念造成一定的困难.比如普通的几何空间和线性空间,普通的初等代数和抽象代数中的"域上代数",普通的加法和交换群的加法,显然有着大不相同的含义.要随着数学体系的变化保持对数学概念的准确理解,同样需要排除先入为主的对原来同名概念的理解可能带来的干扰.

由此看来,数学教育中抽象思维能力的发展,关键在于来自具体而又不为具体所局限.数学教师应该根据数学理论体系的抽象层次和结构,帮助学生构造抽象思维的思想基础,自觉实现抽象和具体层次的相互转化,使抽象思维不断由低层次向高层次发展,在这个过程中训练学生的抽象思维能力.

值得注意的是,有些时候,数学教师为了尽快提高学生的抽象思维能力,企图跳跃某些发展阶段,使学生在较低的思想基础上,强行接受较高层次的抽象理论.这种违背数学抽象思维规律,揠苗助长的做法,对于数学的发展和应用都是十分有害的.目前集合论的基本知识已进入小学甚至幼儿园的课堂之中.有些教师为了突出集合比较的"纯数量"特征,不是从日常生活中所看到的那些实际关系出发加以抽象,而是把一些各方面关系都不大的物体搭配成集合,如"气球、马车和跳绳"组成的集合,"太阳,23 和滑铁卢战役"组成的集合,等等.这种做法不仅不会使儿童形成抽象思维能力,甚至在成年人眼里也带有某种超现实主义味道.[1]20 世纪 60 年代,西欧、北美和日本曾出现过"中学数学现代化"的热潮,编写新的教学大纲和教材,改革教学体制和方法,力图把一些现代数学成果引入中学数学.这就是所谓"新数学"运动.可是,新的大纲和教材施行后不久,教师和学生们普遍感到困难.除了个别基础较好又受过额外辅导的学生之外,大多数学生虽然对一些现代数学知识有了初步了解,基础的东西反而搞不清楚.在"新数学"运动推行了几年之后,人们的热情普遍消退,都感到这是一种"欲速则不达"的办法.造成这种情况的原因,主要是"新数学"的倡导者受法国布尔巴基学派的影响,强调数学知识体系的逻辑性和公理化特征,却忽视了数学抽象思维能力发展的自身特点.布尔巴基学派主张用公理化方法对全部数学知识进行整理,挑选出最抽象、最基本、最简单的数学概念和关系作为逻辑出发点,用尽可能简洁的方式进行严格的逻辑推演,导出数学中各种具体成果.这样一来,庞大的数学知识体系就被精简为一个清晰紧凑的逻辑体系,便于掌握和发展."新数学"的倡导者把布尔巴基学派的基本思想简单地搬用到数学教育中来,认为学习数学也应该从最抽象、最基本、最简单的东西开始.他们把欧几里得几何学扔在一旁,而以集合、关系、映射等为基本概念,以群、向量空间等为基本结构,很快涉及数学分析、线性代数、概率统计等领域的现代数学内容.整个知识体系从符号到符号,极度形式化,越搞越抽象,超出了学生所能接受的能力,无怪乎学生和教师都承受不了了.

法国数学家 R. 托姆(René Thom)激烈批判"新数学"运动取消欧几里得几何体系的做法.他认为几何思维是由日常思维过渡到形式思维的必不可少的途径.他说,集合论的习题在语意上过于抽象,做多了可能损害孩子们的智力平衡[2].托姆的见解确实抓住了"新数学"运动的要害问题."新数学"运动的失误,就在于违背了抽象思维的发展规律,没有把数学抽象思维能力的培养看成是一个历史的过程.它想造就一个没有相应思想基础的精神实体,硬塞到学生脑子里去.即或这

---

[1] 鲁道夫·阿恩海姆:《视觉思维》,光明日报社,1986 年,第 312-313 页.
[2] R.托姆:《"新"数学是教育和哲学上的错误吗?》,《数学译林》,1980 年第 2 期.

种办法真的成功,这样灌输的知识体系也是不会在学生头脑中生根的,更不可能有实际应用的价值.

不过,"新数学"运动也给人们提出了一个问题,那就是有没有可能通过适当途径尽快提高学生的抽象思维能力? 这个问题还有待进一步研究. 显然,这个问题的解决依赖于对数学抽象思维规律的更深入探讨. 这是数学理论界和教育界都应为之努力的方向.

1.4 数学抽象度分析法

在上面的讨论中,我们已多次提到,数学理论体系是有不同抽象层次的,数学对象和方法的抽象程度是有高低之分的. 人们在数学研究和应用的实践过程中,都会直观地体会到这一点. 苏联数学家A. Д. 亚历山大洛夫曾经指出人对自然界的反映是通过一系列抽象过程进行的,是在已经形成的概念和理论的基础上提出新概念,建立新理论的方法来进行的,是用不仅对经验中给出的东西加以考察而且也对可能的东西加以考察的方法来进行的.① 这里包含着对数学抽象程度的初步理解. 美国数学家道格拉斯·霍夫施塔特说道,每个数学家都有一种感觉,在数学的各种思想之间可以有某种度量. 这就是说数学的成果构成了一张巨大的网,而两者之间往往有许多环节.② 这是对数学抽象程度的更深入的体会. 然而,上述观点都还限于定性分析的水平,因而难以对数学抽象程度及其性质做全面深刻的剖析. 为了克服这一弱点,有必要把定量分析的方法引入对数学抽象程度本身的研究,这就产生了数学抽象度概念和抽象度分析法.

要研究数学抽象程度及其性质,首先需要确定一种比较抽象性程度的方法. 在数学中,凡是已确立的各种基本概念、定义、公理、定理、模型、推理法则、证明方法,概言之,各种数学对象和方法,都可叫作"数学抽象物". 假设给定一个数学抽象物 P,所有与 P 在逻辑上等价的抽象物构成一个等价类. 凡属于同一等价类的元素一律不加区别,看作同一元素.

对于抽象程度不同的数学抽象物,可以定义一种顺序关系. 比如

---

① 《数学——它的内容、方法和意义》第1卷,科学出版社,1958年,第66页.
② 道·霍夫斯塔特:《GEB——一条永恒的金带》,四川人民出版社,1984年,第162页.

在弱抽象过程中,特殊性较强、外延较窄而内涵较丰富的抽象物在先,而一般性较强、外延较宽、内涵较贫弱的抽象物在后,后者比前者更抽象,那就可以用顺序关系表示.比如内积空间比欧氏空间抽象,距离空间比内积空间抽象,拓扑空间比距离空间抽象,这种关系就可写成一条抽象概念链:

欧氏空间 ≺ 内积空间 ≺ 距离空间 ≺ 拓扑空间

(其中 ≺ 是构成链的序关系)

在强抽象过程中,外延较宽、内涵较贫弱的抽象物在先,而外延较窄、内涵较丰富的抽象物在后,后者比前者更抽象.这种关系也可用顺序关系表示.比如连续函数比函数更抽象(结构更强),可微函数比连续函数更抽象(结构更强),解析函数比可微函数更抽象(结构更强),这就可以写成如下抽象概念链:

函数 ≺ 连续函数 ≺ 可微函数 ≺ 解析函数

除了弱抽象和强抽象以外,还可以有各种意义上的抽象.比如,若定义概念 B 时用到了概念 A,或者证明定理 B 时用到定理 A,我们可以说 B 比 A 抽象,记作 $A \prec B$.这种抽象是广义的抽象.例如定义函数极限时用到函数概念,那就可以说函数极限比函数抽象.与此类似,还可以说连续函数比函数极限更抽象.

无论给出什么样的"抽象"定义,介于抽象物之间的顺序关系必须满足以下两个条件:

第一,若 $A \prec B, B \prec C$,则 $A \prec C$.

第二,对于任何两个抽象物 A 和 B,或者 $A \prec B$,或者 $B \prec A$,或者 A 和 B 之间无法确定哪个更抽象.这三种情况必有且只有一种情况出现.

这样,在给定的抽象意义下,一个数学分支或某一特定数学专题范围内全部抽象物的有限集 M 就构成一个严格偏序集 $(M, \prec)$.

如果抽象物 A 和 B 属于 M 且 $A \prec B$,则称 $A \prec B$ 为"链",A 叫作链的始点,B 叫作链的末点.如果链的两端可连接新的链,称为"可扩张的链".如果链的中间不能增添新的环节,称为"完全链".整个集合 M 是由一些"完全又不可扩张的链"并在一起的.若抽象物 A 和 B 位于同一链上,则称为"相联",否则就是"不相联".

　　由于每一抽象物都是经历一个抽象过程而形成的概念结构,所以处于一条链上的各抽象物的个数就代表着抽象层次数.而链的长度自然规定着抽象性的程度,即"抽象度".抽象度概念只与所涉及的抽象物本身有关,并且具有某种"可加性".

　　相联抽象物之间的链的长度是两者之间相对关系的一种表示.设 P 和 Q 是抽象物集合 M 中任何一对相联元素.如果 M 中有这样一条完全链

$$(\gamma): P \prec P_1 \cdots \prec P_{r-1} \prec Q,$$

链 (λ) 的长度 r 定义为 Q 关于 P 的相对抽象度.如果联结 P 与 Q 的完全链存在 S 条:$(\lambda_1),(\lambda_2),\cdots,(\lambda_s)$,其长度分别为 $r_1,r_2,\cdots,r_s$,则取 $r_1,r_2,\cdots,r_s$ 中的最大值作为抽象度,表明抽象度是通过最精细的抽象层次的划分方式来决定的.P 与 Q 之间最长的完全链称为"典型链".

　　下面举一个数学分析中的例子说明相对抽象度的计算方法.

　　在数学分析中,从常量开始,依次有一系列数学抽象物,用符号表示如下:

　　R:常量,x:变量,P:多项式,FE:基本初等函数,E:初等函数,PE:分段初等函数,f:函数,C^0:连续函数,C^1:可微函数,A:解析函数,I:黎曼可积函数.如果 $P \prec Q$,则弱抽象记作 $P \overset{-}{\longrightarrow} Q$,强抽象记作 $P \overset{+}{\longrightarrow} Q$.关系图示如图 8 所示.

　　从图 8 中可以看出,由 R 到 A,即从常量到解析函数,最长要经过八步抽象,即抽象度为 8.由 R 到 I,即从常量到黎曼可积函数,抽象度为 9,相对抽象度都较大.事实上它们都是经过漫长岁月才完成的概念.数学史已证实了这一点.

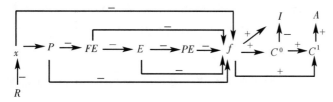

图 8

　　从图 8 中还可以看到,有些抽象物是至少两个不同链的末点,此处称为"交汇点".交汇点表明数学抽象物的重要程度.在交汇点处汇聚的链的条数称作该点"入度".如函数的入度即为 5,表明它十分重要.完全不可扩张链的始点叫"零级交汇点".由交汇点 P 沿反序方向走到零级交汇点的途径中有一条链上交汇点个数最多,其个数称为交汇点 P 的级.如图 8,f 是一级交汇点,C^1 和 I 是二级交汇点.

有些抽象物是至少两个不同链的始点.此处称为"分叉点".分叉点表明数学抽象物的基本程度.在分叉点处引出的链的条数称作该点"出度".如函数的出度即为 3.

数学抽象物的相对抽象度、出度和入度,合称"三元指标".一个抽象物的三元指标数值越大,表明该抽象物越深刻、越基本、越重要.引入"三元指标"的数学抽象物之间关系,可以表示为一个多重有向平面图,并用图论的方法加以研究.

数学抽象物还有另一方面性质,即"抽象难度",它表示抽象思维过程的难易性程度.一般可以把抽象难度划分为四级,即小难度、中难度、大难度、特大难度.小难度和中难度的抽象思维适用于已有理论的完善和发展,而大难度和特大难度适用于新理论的创立,需要人们改变以往的传统观念,引起思想上的飞跃.如果一个数学抽象物是经过若干步抽象得来的,那么这个抽象物的难度可表示为一个多维向量,其分量即各步的抽象难度.抽象难度的具体确定不大容易,或许可借用实验心理学方法,通过对大批学习者测定他们弄懂各步抽象概念所花费的平均小时数加以衡量,也可以通过有经验的教师或专家共同评定.

上面介绍了数学抽象度的基本概念.所谓抽象度分析法,就是运用这些基本概念,对各数学分支和各种具体数学问题进行分析,了解其抽象思维特征.一般说来,给定某一数学分支的全部或部分数学抽象物的集合 M,如果要对 M 中的元素做全面的抽象度分析,就需要采取如下步骤:

第一,给定"抽象"的意义,将 M 排成偏序集,使其中每一条链都表现为不可扩张的完全链.

第二,将偏序集 $(M,\prec)$ 画成有向图,标明每一步的抽象意义(强抽象、弱抽象或广义抽象).必要时再标明各步采用的抽象法则.

第三,将偏序集中各极小点作为始点计算各条链上各个点的一组相对抽象度.

第四,计算图中每一点的入度和出度,于是每一点均可获得一个或若干个三元指标.

第五,从每一始点出发作各个关联点的抽象难度向量.

如果需要,还可以用统计学方法计算集合 M 的平均抽象度与平均抽象难度等.

对于一个数学分支(或一个数学理论体系)而言,为了方便,可以把它的全部公理(或作为推理出发点的全部基本命题)当成一个统一的始点,这样用有向图那样表示的偏序集 $(M, \prec)$ 就只有一个最小点,抽象度分析法的各步骤都可大为简化.我们也可以对那些入度和出度超过 2 或 3 的点作它们的抽象度分析表,形成 M 中一批重要抽象物的分析表册.各个数学分支和各门数学课程都可制成这样的抽象度分析表册.显然,这种表册对于数学研究和教学是有重要参考价值的.

数学抽象度分析法的根本特点,在于把数学方法用于对数学抽象思维规律自身的研究.在这一点上,抽象度分析法很类似现代数理逻辑中的证明论.证明论就是对数学的证明过程本身进行定量分析,才获得了哥德尔不完全性定理等许多重要成果.同样,抽象度分析法对数学的抽象过程进行定量分析,也获得了许多能够揭示数学抽象思维本质特点的新概念、新方法.应该指出,由于人们以往对于数学抽象程度和层次的认识往往局限在定性的、经验的水平上,有所感受但并不深入,因此产生了很多问题.比如,某些数学抽象物概括不准确、概念层次结构不合理,又很难自觉纠正.我们前面说到数学概念内涵纯化过程时以"函数"概念为例.实际上,函数概念中逐渐分离出来的有解析式、能用曲线表示、具有连续性、可微性等非本质属性,本来是属于另外的抽象层次的.运用数学抽象度分析法可以明显看到这一点.但是,由于历史上缺乏对抽象思维的过程做定量分析,本质属性和非本质属性往往不自觉地混在一起,要经历许多曲折才能逐渐分离.又如,前面说到数学史上有"过早的抽象"现象.有些数学成果由于表述形式过于抽象而遭到某些大数学家的排斥.造成这种状况的原因之一,是缺乏对数学抽象物层次结构变化的规律性的了解,人们往往对新的概念层次结构的出现缺乏思想准备,因而才产生抵触情绪.法国布尔巴基学派从"结构"角度对已有数学成果做总体分析,在简化和精化数学概念层次结构方面有重要意义.但是,这种分析并不能保证未来的数学抽象思维不出毛病.抽象度分析法着眼于对数学抽象思维一般规律的认识.它使人们能够根据数学发展的需要,自觉地调整已有概念层次结构,并不断创造新的概念层次结构.把布尔巴基学派的工作同数学抽象度分析法结合起来,将普遍提高人们的数学抽象水平,消除经验因素造成的不良影响.这对于数学的现在和未来,都有着极为重要的意义.

抽象度分析法对于数学教学也是有重要作用的.我们前面谈到过数学教学中存在的一些问题,特别是在培养学生抽象思维能力方面有违背客观规律之处,这与人们对数学抽象思维的认识尚未完全理论化是有直接关系的.因此,在培养学生抽象思维能力的过程中,存在不少经验因素,不少学生往往是自发形成这种能力的.另外,数学教科书的内容基本上是经过严格逻辑整理的数学成果,它们本身并不能反映获得这些成果的实际思维过程.如果在教学中拘泥于书本,要求学生死记硬背,机械运用各种定义、法则,那就会造成这种情形:往往所学的数学知识越抽象,学生的抽象思维能力相应地越薄弱.抽象度分析法的出现,有助于这些问题的根本解决.通过对数学抽象物原型、层次结构和抽象难度的分析,学生们可以受到生动、丰富的数学抽象思维训练,自觉地形成抽象思维能力,使之适应数学理论抽象程度的增长.从哲学角度看,个人的抽象思维发展是整个人类抽象思维发展的一个缩影.而抽象度分析法对数学抽象物层次结构的分析和对抽象思维规律的探讨,实际上是人类抽象思维发展过程的逻辑再现.抽象度分析法在数学教学中的应用,应该看作把数学抽象思维发展史上的经验教训加以总结,用以指导个人数学抽象思维能力的培养.把抽象度分析法同布尔巴基学派的观点结合起来,就有可能既"浓缩"了前人遗留下来的大量数学知识,又便于为学生们接受.这对于改革数学教育,适应现代数学知识激增的新形势,将起到关键性的作用.

最后,有必要指出抽象度分析法对于哲学和思维科学研究的意义.抽象度分析法显然不仅仅局限于数学抽象的思维过程,而是对其他各个领域和各种类型的抽象思维过程都有着方法论的意义.抽象度分析法提供的新概念、新方法,有助于人们对抽象思维普遍规律的研究,有助于哲学上对反映过程的内部机制的研究,以及思维科学对抽象思维与其他类型思维相互关系的研究.

数学抽象度分析法还处在创立阶段,它在许多方面还有待进一步发展和完善.可以预见到,这方面的研究作为一个新兴的且有良好前景的探索方向,将引领人们对数学与抽象关系进一步深入的认识.

二 数学与形式化

2.1 数学与符号化

数学与左脑思维关系的第二个重要方面,是数学与形式化的关系.说到形式化,首要的问题就是如何认识数学的符号化.

数学的世界是一个符号化的世界.在这个世界里,到处都离不开符号.越往这个世界的深处考察,见到的符号就越离奇,就越难把握.数学的语言就是由这些符号组成的.对于许多非数学专业的人来说,学习数学语言可能要比学习任何一种外语都困难得多.因为任何一种外国语言都包含许多同日常生活经验相联系的含义.而数学语言的含义大都与日常生活经验相去甚远.看不懂的数学书籍就像古人的"天书"一样令人望而生畏.事情如果到了这种地步,数学符号也就自然带有"符"的某些味道.

数学符号是数学抽象物的表现形式,是数学存在的具体化身,是对现实世界数量关系的反映结果.数学符号按一定规则组织起来,就成为数学思维活动的物质载体.人们通过数学符号组成的语言交流数学思想,认识数学世界的奥秘,并把数学成果运用于现实生活的各个方面.

数学思维为什么要使用自己的一套特殊符号呢? 这是由数学抽象思维特有的层次性所决定的.数学符号的差异,有时表示同一抽象层次上不同数学抽象物的差别,但更多的时候是表示不同抽象层次的差别,即不同的抽象度的.日常语言文字符号也可以表示很少几个量级的抽象层次,如"初步的抽象""比较抽象""更高级的抽象""极度抽象",等等.但是,要表示多层次的一系列抽象过程,必须对每一词语在不同抽象层次上的含义都专门加以定义,指明其特定对象和特定性质.必要时,还需要创造出纷繁的新词语来表示各种抽象物之间的相互关系.这样一来,日常的语言文字符号就会变得混乱不堪,无法使用.可以想象,如果用日常语言表述不同基数的集合、不同阶的微分、不同维度的空间之间的运算关系等,情况会是何等的糟糕.另外,日常的语言文字符号与感性直观的经验世界联系过于密切,根本无法表示远离直观和经验的数量关系.因此,数学思维必须有一套特殊的符号语言体系,用于把不同的数学对象、概念和抽象层次明确区别开来,准确体现数学抽象物之间的相互关系.数学符号基本上是用字母或特殊记号来表示的.从形式上看,数学符号完全摆脱了与日常语言文字符号在形象上的联系(当然某些数学符号是原来日常语言文字的变形,但它们本身只具有象征意义,并不具备原来日常语言文字的形象特征),因而数学符号才能够完全摆脱直观经验和原型特殊性的束缚,充分克服日常语言文字在表述相当抽象的数量关系方面的弱点,成为数学思维的便利工具.数学符号的意义是需要解释的,解释符号就是使它同某些具有现实意义的概念或心智想象相联系,用来具体说明现实的数量关系.因此,同一数学符号可以作多种意义的解释,只要这些解释能正确说明数学符号表示的抽象物与其具体的关系.

初看起来,数学符号的使用完全是任意的,同一数学抽象物完全可以用种种不同的符号来表示.但是从数学史上看,数学符号的使用又有一定的规律.美国数学家戴维斯(P. J. Davis)和 R. 赫西(R. Hersh)把数学符号的形成和演变形象地称为"适者生存"[①].诚然,每个数学工作者都可以按照自己的兴趣和爱好使用某种数学符号.但是从思想交流的角度考虑,新符号的创造必须为人们普遍接受,这并不是很容易的.如果再考虑到打字或印刷方面的问题,新符号的使用还有经济和技术方面的因素,因而不可能随时增长.经过世世代代的筛选,今天人们经常使用的数学符号实际上并不是很多的.这种状况有时也会给学习数学带来一定麻烦.由于人们已经习惯用 f 表示函数关系,用 x 表示未知数,一旦它们表示别的含义,人们在理解时往往受到习惯性的干扰.

---

①　P. J. Davis & R. Hersh：The Mathematical Experience. Chapter Ⅳ.

　　数学符号的使用还有其内部的微妙原因. 有些时候, 表示同一抽象物的不同符号同时存在, 相互竞争, 其中最能反映数学抽象物本质特点的符号最终占了上风. 比如微分符号的使用, 牛顿及许多英国数学家使用的符号是 $\dot{x}, \dot{y}$, 而莱布尼茨及许多德国数学家使用的符号是 $\mathrm{d}x, \mathrm{d}y$, "点主义" 与 "d 主义" 派互不相让, 争论了好些年. 但最后数学界普遍采用了莱布尼茨的符号. 因为他的符号体系更适于表示高阶导数和高阶微分, 而且可以由正整数阶推广到负数阶和分数阶, 由此导致了运算微积分的发展, 对后来的数学研究产生了更大的影响.

　　美国数学史家 D.J. 斯特洛伊克曾经指出: "一种合适的符号要比一种不良的更能反映真理, 而合适的符号, 它就带着自己的生命出现, 并且它又创造出新生命来[①]." 数学符号的这种奇特性质是值得注意的. 许多数学家都有一种感觉, 从符号中得到的东西比输入的更多, 它们好像比它们的创造者更聪明. 有些符号似乎具备一种神奇的力量, 能在其内部传播变革和创造性发展的种子. 有些时候, 仅仅是由于选择到适当的符号, 就导致了十分重要的数学成果. 群、行列式和矩阵等数学概念的符号, 最初都是作为数学语言的改革和简化而引入的, 但这些符号使人们容易看清楚更深刻的数学关系, 建立更为重要的理论. 还有些时候, 从不同角度选择的符号后来被发现有一种神奇而优美的联系, 这种联系能够揭示数学各分支之间的内在联系和统一性, 并对数学思维结构的自身研究有重要的启示作用. 比如, 欧拉曾提出一个著名的恒等式

$$e^{\mathrm{i}\pi} + 1 = 0$$

这个恒等式是现代数学中最重要的一些符号的神奇结合. 这里 1 和 0 代表算术, i 代表代数, π 代表几何, 而超越数 e 则代表着数学分析[②]. 为什么这几个从不同角度确定的符号竟然有如此简洁的关系呢? 这种关系是否与人的大脑的数学思维机能和特性有关呢? 这显然是研究数学与思维关系的最诱人的问题之一.

　　数学符号演化的自身规律表明, 数学的符号化必须适应数学理论体系发展的需要, 而适当的符号化又成为数学发展的重要推动因素.

---

① D.J. 斯特洛伊克:《数学简史》, 第 75-76 页.
② T. 丹齐克:《数——科学的语言》, 商务印书馆, 1985 年, 第 155 页.

因此,在数学发展的一定阶段上,或者在数学教学的一定阶段上,必须重视对符号化的研究,防止由于符号化不当而产生思想障碍.古希腊的数学在几何学方面曾取得辉煌成就,但在代数学方面的发展却较缓慢,这在很大程度上是由于缺乏适当的符号体系①.在古埃及、古巴比伦、古印度和古代中国数学中,符号化程度都很不彻底,因而未能发展成具有近现代形态的代数理论.代数学能够成为一门独立的学科发展到现在,首先应归功于法国数学家 F. 维叶特(F. Viete)的工作. 他是第一个有意识地、系统地使用字母建立现代符号体系的人. 由于他用字母表示未知量和一般的系数,突出了数学符号表示不同层次抽象物的本质特征,就使代数成为一门研究一般类型的形式和方程的学问,从而同单纯研究数的算术分清了界限. 当然,符号化的工作由于创造性很强,有时会遇到很大阻力,甚至为世人议论讥笑. 这时必须顽强坚持下去,才能克服困难,最终发挥符号化的作用,法国数学家伽罗瓦曾说过:"新颖的问题需要使用新名称、新符号. 我不怀疑,这种不方便在开头的时候将使读者产生反感,他们很难原谅这种生疏的语言,即使作者是他们平素所景仰的人. 但是归根到底,我们只好适应题目的要求,因为题目的重要性值得注意②."意大利数学家皮亚诺在数学表述的符号化方面有很多创造. 他用的符号甚至遭到学生们的抵制,以致被迫辞职③.但他的工作为算术公理化和数理逻辑的发展提供了重要基础,其理论意义过了很多年才充分体现出来.

数学符号化趋势的发展,在现代数学中已达到令外行人难以想象的地步.有些领域里几乎所有的数学表述用语,包括逻辑联结词、公理、定理、法则、公式、概念及其定义等都完全符号化了.现代的代数学,从 19 世纪开始,就被认为只是不加解释的符号和它们的组合法则的科学.代数学的逻辑发展被认为与含义无关,按照英国数学家和逻辑学家怀特海(A. N. Whitehead)的说法,"显然我们可以用我们愿意用的任何符号,并按我们选定的任何法则去处理它们",当然,只有那

---

① T. 丹齐克:《数——科学的语言》,商务印书馆,1985 年,第 107 页.
② A. 达尔玛:《伽罗瓦传》,商务印书馆,1981 年,第 56 页.
③ M. 克莱因:《古今数学思想》(第四册),第 53 页.

些能被赋予某种意义的或具有某种应用的解释才是重要的①. 虽然数学从一开始就在处理各种符号, 但古代和近代数学中毕竟还有许多有形体的, 有特定现实原型的对象. 如果说数学的一个主要分支从本质上讲就是处理符号本身的、纯粹的符号及其组合法则就是数学的真正对象, 那显然意味着人们的数学抽象思维能力又发展到了一个更高的水平. 数学的极度符号化是不是越来越空洞, 越来越远离现实呢? 从上面关于数学抽象和具体关系的讨论中自然得不出这样的结论. 极度的符号化在形式上极度抽象, 在思想内容上却越来越具体, 越来越深刻地反映现实世界的规律性.

数学的符号化是形式化的基础. 数学理论的表述具有形式化特征, 而这种特征是通过一定的符号体系显现出来的.

2.2　数学与形式化

数学的形式化指的是什么呢?

按照一般的理解, 形式化就是用一套表意的数学符号体系, 去表达数学对象的结构和规律, 从而把对具体数学对象的研究转变为对符号的研究. 数学的形式化不等于符号化. 符号化着眼于各种数学抽象物本身及其关系的形式上的表述. 而形式化则着眼于各种数学抽象物之间的本质联系. 形式化的目的是把纯粹的数量关系从现实世界的纷繁复杂的事物联系中抽取出来, 简洁明了地加以表示, 以便揭示各种事物的数学本质和规律性.

说到形式化, 自然会使人们想到"形式"与"内容"的关系. 有许多人, 甚至包括一些著名数学家, 都认为数学的形式符号与其内容无关, 数学是只考虑形式而不考虑内容的. 苏联数学家 A. Д. 亚历山大洛夫就曾认为数学是"关于与内容相脱离的形式和关系的科学", "一般说来, 现实世界的任何形式和关系都可以成为数学的对象, 只要它们在客观上与内容无关, 能够完全舍弃内容, 并且能用清晰、准确、保持着丰富联系的概念来反映, 使之为理论的纯逻辑发展提供基础". "数学的形式和内容, 已经和正在继续不断地摆脱自己的内容②". 现代数学

① M. 克莱因:《古今数学思想》(第四册), 第 106 页.
② 林夏水主编:《数学哲学译文集》, 知识出版社, 1986 年, 第 3-7 页.

中的形式主义学派也特别强调数学的形式符号体系毫无实际内容、毫无意义可言. 而对形式化和形式主义学派的批判,往往也就着眼于"形式与内容相脱离"这个问题上. 实际上,把形式化与"形式与内容的关系"简单联系起来,是很不妥当的,会造成对形式化本质的严重误解.

前面说过,数学符号是数学抽象物的表现形式. 既然是表现形式,那就有自己的思想内容. 因此,数学符号的形式与其内容不可能分离,形式化也并非是一个形式与内容相脱离的过程. 那么,为什么人们还会认为数学的形式符号与内容无关呢? 这是由于把形式与内容、抽象与具体这两对范畴混淆在一起的缘故. 通常人们所说的数学形式符号的内容,往往指数学抽象物的某种实例或直观解释. 这些实例或直观解释在数学抽象思维过程中,是可以并且应该同数学抽象物本身相分离的(当然这种分离不是绝对的割裂,而是相对的区别). 然而,数学抽象物要用形式符号表示,所以抽象物的实例或直观解释也就很容易被当作形式符号的内容了. 其实,如果说这就是形式符号的内容的话,那么数学的"形式"与"内容"并不是处于同一抽象层次上. 它们之间的区别首先是"抽象"与"具体"的区别,然后才说得上特定意义的形式与内容的区别. 即数学抽象物的实例或直观解释也可以看作形式符号内容的一部分,是从属于数学抽象物本身的一部分. 这样一来,抽象与具体的相对分离就不能简单地看成形式与内容的脱离了.

应该指出,在看待形式化与其内容的关系上,一些力主形式化和形式主义观点的数学家反而看得更清醒准确一些. 希尔伯特就曾多次强调数学形式符号与其思想内容的联系,认为数学公式是"发展至今日的通常数学思想的复制品". 他针对那种以为形式化仅仅是搞公式游戏的观点反驳说:"这种公式游戏是根据某些确定的、反映我们的思维技术的法则进行的. 这些法则形成一个能够被发现并加以确切陈述的封闭系统. 我的证明论的基本思想,就是要刻画我们的悟性活动,制订出我们的思维过程所实际遵循的基本法则[①]." 法国布尔巴基学派力图向人们澄清"形式化"和"形式主义"的含义. 他们指出:"重要的是从一开始就要注意防止应用这些定义不确切的词所引起的混乱,以及

[①] 康斯坦西·瑞德:《希尔伯特》,第 234 页.

注意公理方法的反对者也经常使用这些词而引起的误解①."数学的一大堆形式符号和推理程序、公式组合,无非是数学自身的语言,是数学家赋予他的思想的外部形式.数学既不是一串随便发展起来的三段论式,也不是一堆幸运的技巧.公理方法的目的是引导人们寻求这些细节下面的深刻的共同的思想."形式"这个词只是在这种意义下才能使公理方法被称为形式主义.它是数学这个有机整体发育中的营养液,是方便和多产的研究工具②.显然,这些在现代数学形式化方面做出重要贡献的数学家,本身就是反对数学形式符号与其思想内容相脱离的.

美国数学家道格拉斯·霍夫斯塔特对形式化的理解别具一格.他认为:"一般来讲,形式符号容易给人一种错觉,好像它是人类意志的自由创造,可以和现实的世界毫不相关.然而同样的事实是,那些和我们关系密切的形式符号,如词汇、数字、逻辑符号,都是人类文化进化过程的产物.它们与现实世界有着密切的联系.这座联系的桥梁就是同构③.""同构赋予形式符号以意义,这也意味着形式符号可以把握现实世界④."霍夫斯塔特并没有谈形式符号与内容的关系,而是谈了形式符号与现实世界的关系,这反倒更接近于数学形式化过程中对"形式"的本来意义的理解.他提出的"同构"观点很有启发意义.进一步探索数学形式化过程中"同构变换",以至数学形式结构与大脑生理结构的关系,是很值得研究的.

对于形式化的理解,还需要注意事情的另一个方面,即形式语言和自然语言的差别.形式化是用形式符号体系表述的.但并不是所有用形式符号体系表述的数学理论都已实现了完全的形式化.形式化的一个重要特征在于它的"化"字上.就是说,形式化要使用彻底的形式语言,把数学思维过程中所有能够表述出来的东西,包括逻辑联结词、推理法则、初始符号、形成和变形规则、公理、定理等,完全用符号表示,并且每个步骤都必须严谨缜密,不容忽略,整个形式体系不容许有

① 《数学史译文集续集》,第 19 页.
② 林夏水主编:《数学哲学译文集》,第 19-25 页.
③ 道·霍夫斯塔特:《GEB——一条永恒的金带》,第 278 页.
④ 同上,第 31 页.

任何的疏漏和含混.形式语言可以直接用于计算机程序设计,它的每一个步骤都具有纯粹机械操作的性质.用形式语言写的数学教科书实际上是一串长长的符号链.当它经过数学家或机器处理时,就变换成另一个符号链.除形式语言以外,数学思维活动中还有数学家更为习惯的自然语言,这种自然语言尽管主要也由数学符号组成,甚至有时完全由数学符号组成,但其中包含一些数学家之间可以意会并加以省略的推演步骤,以及某些不具备纯粹机械操作性质的构造性思维过程.数学家的自然语言使用着普遍的形式逻辑,而不是极度形式化的数理逻辑.它比较容易理解和掌握,但不如形式语言那样严格.显然,用这种语言表述的数学理论并没有实现彻底的形式化,也是无法用计算机处理的.

形式化所使用的形式语言,即形式集合论的语言.每一种数理逻辑教科书都解释了这种语言的结构和规则.形式语言最初是由意大利数学家皮亚诺和德国数学家弗雷格在 19 世纪末引入数学领域的.当时的主要目的是消除自然语言的含混和不确定性,使数学证明更加严格.经过罗素和怀特海等数学家的努力,这一目的基本上达到了,但却使数学思维过程的表述变得过于烦琐.比如关于"1"的定义,在罗素和怀特海的巨著《数学原理》中就是经过好一番逻辑证明的准备后才出现的.法国数学家庞加莱(H. Poincaré)挖苦说,这是"一个可敬可佩的定义,它献给那些从来不知道 1 的人[1]."对于大多数数学家来说,数学思维的自然语言实际上还是最常用的语言,而形式语言后来更多地用于计算机的理论和应用方面.当然,形式语言还需要不断发展,今后也许会有更多的自然语言被形式化,借助计算机加以处理.但是从长远的观点看,自然语言是很难被彻底形式化的,因而两种语言并存的局面还将继续下去,并不断出现新的格局.

形式化的能力是属于人的大脑的左半球的,形式化的思维是左脑思维的一部分.现代思维科学和脑科学的研究表明,大脑左半球的活动范围是符号系统,所有人类的语言,包括数学的形式语言和自然语言,无论其词汇采用什么样的符号,都要由左半球进行处理,加以分析

---

[1]　胡作玄:《第三次数学危机》,四川人民出版社,1985 年,第 172 页.

或综合.不过,形式符号的形象记忆是要靠右半球完成的.因而形式化的过程也需要右半球的参与.如果右半球患病,人的口算和心算能力并未破坏,但纸上的运算就无法进行了[①].而形式化的发展借助口算和心算显然是走不远的,它必然是一个左右脑配合行动的过程.

2.3 数学形式化的必要性和局限性

我们在前面曾讨论了符号化在数学发展中的作用,这种作用可以看作数学形式化必要性的一个方面.数学形式化的必要性还体现在其他一些方面,下面分别做一些讨论.

首先,形式化在整理数学理论体系时是十分必要的,它有助于数学理论体系的简单化、严格化和系统化,为数学内部的和谐统一提供思想基础.

我们知道,人类在任何一个数学领域最初掌握的认识材料,都不可避免是零散的、经验性的,甚至是近似的、表面的、直观的.很多数学关系的理解和表述要受感性直观或特定原型的影响,夹杂一些非本质的成分.一些逻辑关系的建立很可能是重复的、重叠的,甚至是颠倒的.从初步的认识到理论体系的成熟,需要经历多次反复和曲折.在这个过程中,能够帮助人们不断澄清思想,理出线索,寻找本质联系的工具,就是形式化.由于形式化能够简洁明了地表示纯粹的数量关系,揭示数学抽象物的本质特点,所以能够把数学理论体系的基本逻辑结构突出地表现出来,使人们看清楚各个数学抽象物之间的层次差别和相互关系,把一些非本质的东西排除出去.如果一个数学抽象物的表述不能够尽可能简明和形式化,而是夹杂一些直观的、经验性的说明,那就意味着数学抽象不彻底,不可能准确揭示其本质特征,也就不可能严格.微积分理论的发展就是一个明显的例子.实际上,从古希腊开始,人们就不断思考无限、连续等方面的问题,可以说微积分的思想萌芽一直在生长.可是在表述基本概念方面,一直存在着定性思维或几何直观的干扰.简明的形式化的定义直到19世纪才最终获得,也只有到此时才实现了微积分理论的严格化和系统化.对于这一点,美国数学家卡尔·B.波耶评论道:"对微积分发展的一个微妙的因而也是更严重的阻力是在各个阶

---

① 谢尔盖耶夫:《智慧的探索》,第169页.

段中不能对采用的概念给以当时可能做到的简明和形式化的定义.芝诺的疑难是一个最好的例子,说明晦涩难解是由于不能清晰地毫不含糊地规定问题的条件和描绘出有关名词的形式化定义的后果①."不仅数学基本概念如此,对数学公理和基本法则的确定也一样.欧几里得几何学公理系统中隐藏的不严格成分,是通过希尔伯特的形式公理化工作消除的.伽罗瓦之所以能够抽象出"群"这个概念并创立群论,是以对代数方程可解性理论的进一步形式化为基础的.从总体上看,由于形式化能够简明地刻画数学对象的基本结构和本质特征,于是保证了数学的严格性.将各种形式化结构进行比较,可以发现它们的共同特点和本质联系,这就可以保证数学的系统性和统一性.对于逻辑上不够简明清晰的数学理论体系,形式化有助于发现其繁复累赘之处,进行适当的划归和整理,以保证数学的简单性.严格性、系统性、简单性和统一性结合起来,构成数学理论形式上的优美性.它是数学形式化发展的顶峰.数学家普遍欣赏的"数学美",就是这种特殊的形式化的美.这一点后面还要谈到.

形式化的另一个重要作用,是有助于数学的发现和创造.由于形式化能够使数学理论体系的基本逻辑结构突出地表现出来,便于人们发现数学前沿的边界,掌握待解决问题的症结,所以形式化本身能够成为数学发现和创造的重要工具.已有数学知识的形式结构,可以为探索和确定未知的数学形式结构提供类比的基础,或给予借鉴和启发,这类例子在数学史上是屡见不鲜的.美国数学家 G.波利亚在《数学与猜想》一书中曾列举了许多通过类比导致数学发现的事例,如数与形的类比、有限与无限的类比,等等②.他在说到类比的条件时指出:"两个系统可作类比,如果它们各自的部分之间,在其可以清楚定义的一些关系上一致的话③."显然,只有充分的形式化才能够满足这一条件.

但是需要注意,形式化在用于数学发现和创造时,必须慎重从事,否则会造成悖论.我国逻辑学家吴允曾将这种情况称之为"形式化方法中的陷阱".他指出,早期集合论中曾采用概括性原理,即对于任一

① 卡尔·B.波耶:《微积分概念史》,上海人民出版社,1977年,第318-319页.
② G.波利亚:《数学与猜想》(第一卷),科学出版社,1984年,第26页.
③ 同上,第13页.

给定的集合 S,存在一谓词 F 使得谓词 F 恰好构成集合 S 的所有元素共同具有的性质;对于任一给定的谓词 F,存在一集合 S,使得谓词 F 恰好构成集合 S 的所有元素共同具有的性质.概括性原理的后一半实际上不能成立,因为有些任意定义出来的谓词并不存在有集合与之对应.著名的罗素悖论就是如此,它涉及的集合("所有不包含自身的集合构成的集合")可以定义出来,但事实上并不存在.因此,在引进一新定义的谓词时,必须论证与之对应的集合是存在的[1].形式化的这个"陷阱"的存在表明,在使用形式化方法时,必须牢记形式化是数学思想的记录,是客观世界数量关系的反映.形式化的思维必须立足于科学基础上.数学形式结构是创造出来的,但不是主观随意的产物.如同一切科学领域的发明创造一样,形式结构的发明创造也要受数学发展中诸种客观条件和内容的制约.

形式化发展中最重要的制约因素,是作为同形式化相对立的另一极的数学经验和数学直觉.两极必须平衡发展,才能够保证数学思想的健康和富有活力.数学家J.范·海金诺特认为:"如果形式化在唯一地表述自然数的特性时并不成功,那么这就是形式化本身固有的一些毛病了,因为单独靠人类的心理是可以成功地做到这一点的[2]."冯·诺伊曼也指出:"在距离经验本源很远很远的地方,或者在多次'抽象的'近亲繁殖之后,一门数学学科就有退化的危险.起初,风格通常是古典的;一旦它显示巴洛克式的迹象(指过分讲究雕琢和奇特的艺术风格、建筑形式等——引者注),危险信号就发出来了.……每当到了这种地步时,在我看来,唯一的药方就是为重获青春而返本求源:重新注入多少直接来自经验的思想.我相信,这是使题材保持清新与活力的必要条件[3]."由此看来,如果形式化使用不当,片面发展,那么是可能导致为布尔巴基学派一再避嫌的通常意义的形式主义的.这是数学与形式化关系中最值得提防的环节.

① 吴允曾:《关于形式化的几个问题》,《哲学研究》1986 年第 12 期.
② 林夏水主编:《数学哲学译文集》,第 209 页.
③ 《数学史译文集》,第 123 页.

三　数学与公理化

3.1　数学与逻辑思维

　　数学与左脑思维关系的第三个重要方面,是数学与公理化的关系.公理化是数学中逻辑思维发展的高级阶段,所以有必要先从一般意义上讨论一下数学与逻辑思维的关系.

　　如果说符号化和形式化是数学理论的外部形态的话,那么数学的逻辑思维就是其内在的骨架和神经,是把整个数学领域联结成一个有机整体的纽带.

　　数学与逻辑思维的关系可以上溯到数学还是一门经验性科学的时代.在残留的古埃及、古巴比伦、古印度和我国古代的数学史料中,就已有了简单的归纳、演绎、分析、综合的迹象.经过古希腊数学家,特别是亚里士多德和欧几里得的工作,数学同比较完善的形式逻辑体系结合起来,真正变成了一门演绎科学.从此,数学与逻辑总是密不可分地一起发展,数学在整个科学知识体系中成为逻辑性最强的一门科学.当然,数学与逻辑的结合程度并不总是一样的,有时十分紧密,有时却相对地松散一些.17 世纪和 18 世纪微积分理论的发展,在逻辑严密性方面就较差一些,其基本概念存在一定逻辑缺陷.而到了 19 世纪末 20 世纪初,数学的高度公理化和数理逻辑的发展,似乎一度取消了数学和逻辑的分界线.在这个时期出现的逻辑主义派别,干脆宣称数学和逻辑是一回事.如逻辑主义的代表人物罗素所说:"逻辑即数学的青年时代,数学即逻辑的壮年时代,青年与壮年没有截然的分界线,故数学与逻辑亦然①."然而,在这之后不久,数学的形式化和公理化

① 莫绍揆:《数理逻辑初步》,上海人民出版社,1980 年,第 79 页.

暴露出一定局限性,数学发展自身又表现出一定的经验性质.尽管如此,数学与逻辑思维的关系仍然要比其他学科密切得多.经过罗素、怀特海等人的工作,表明数学中有相当大的一部分内容可以归结为逻辑,即人们通常认为数学的这一部分内容是可以由逻辑公理推导出来的.这就说明数学与逻辑在相当大程度上是相互渗通、相互依存的,在某些领域可以说是一回事.正因为这样,瑞士心理学家皮亚杰在分析人的思维结构和发展过程时,一般并不把逻辑和数学截然分开,总是采用"逻辑数学结构""逻辑数学知识"之类提法,以表示逻辑思维和数学思维的共同特征.

从思维科学角度看,数学思维与逻辑思维的共同特征主要有以下几点:

(1)数学思维与逻辑思维都具有极强的符号化和形式化特征,并且在现代数理逻辑中实现了高度的统一.

(2)数学的形式结构和逻辑的形式结构都是从人这个认识主体对于客体所加的作用和动作的最普遍的协调作用中抽象出来的.按照皮亚杰的说法,都是反身抽象和建构的产物.他所说的"反身抽象",是指从人对于外部事物施加的动作和作用出发加以抽象,从人的活动本身加以抽象,这种抽象的过程总是认识主体与客体相互作用的过程,有主体的成分参加,而不是单纯考虑客体的性质.他所说的"建构",指的是结构的建造即通过思维活动中的抽象、协调和平衡,建立新的结构以整合以前的、具有一定局限性的结构.这正是一个主客体相互作用的过程[①].由于数学结构和逻辑结构都具有反身抽象和建构的特点,因而它们才能够在思维中同外部事物特性相脱离,专门加以研究,才能够符号化和形式化,用于表述和研究思维规律本身.

(3)数学结构和逻辑结构都是具有一定相对独立性的客观的思想事物,它们的规律在科学的各分支领域都是普遍适用的.数学思维和逻辑思维都可以有一个相对独立的发展时期,有一个纯粹数学或纯粹逻辑的研究领域.它们的理论成果都具有某种超前性,能够预先为自然科学发展提供必要的理论基础和方法.数理逻辑研究在推动计算机

---

① 皮亚杰:《发生认识论原理》,商务印书馆,1981年.

科学发展方面的作用,就是一个明证.当然,这并不是说,可以把数学思维和逻辑思维看成一回事,两者还是有本质差别的.数学思维中有一些理想化的对象和建构活动,是逻辑思维中没有的.比如数学思维中有两条基本公理,一是无穷公理,即承认无穷个体的存在;二是选择公理,即允许在互不相交的集合中各选出一个元素组成一个新的集合.这两条公理都不是逻辑公理.数学思维中还有一定程度的非逻辑成分,具有某种经验性、不确定性和非逻辑可判定性.逻辑作为数学发展的一种工具,并不是万能的.数学总要提出一些为一定阶段上逻辑所不能解决,或不能完全解决的问题.这种局面成为逻辑思维发展的动力.逻辑在数学中的应用不断提高数学的理论性、严格性和可判定性,同时又不断从数学的非逻辑特征中寻找自己的发展方向.这种关系贯穿数学与逻辑相互渗透、并行发展的过程的始终.

逻辑思维在数学中有哪些作用呢?

(1)逻辑思维是数学证明的工具,是检验数学真理的间接标准.

我们知道,在数学中逻辑证明起着判断数学命题真伪的作用.特别是在现代数学中,由于高度的抽象化、形式化和公理化,逻辑相容性时常成为检验数学真理的唯一标准.显然,在逻辑上自相矛盾的命题肯定是错的.但是,在逻辑上无矛盾的命题是否就一定正确呢?以往的解释往往强调,这要看作为推导该命题最初出发点的公理是否正确.然而,经典数学的公理一般是根据感性经验和常识确定的,它们本身就不可靠.现代数学强调公理只是作为建立数学理论体系逻辑基础的基本公式,对它们现实意义的解释完全是另外一回事.这样看来,以为数学公理绝对正确的观点实际上也说不通.决定数学理论体系最原始的真值的标准,只能是数学家亲身工作的实践,即处理和变革以至创造数学对象的活动.数学家在自己的实践中,使自己的认识不断同客观的数学规律接近,不断认识数学对象的深刻本质,从中确定数学真值.而逻辑思维则起到传递真值的作用.演绎推理使数学真值从一般传递到特殊,归纳推理使数学真值从特殊传递到一般.无论哪种推理模式,逻辑思维都成为检验数学真理的间接标准.

(2)逻辑是数学知识理论化系统化的手段,起到"浓缩"数学知识的作用.

从数学认识的过程来看,逻辑思维在各个阶段所起的作用是不同的.最初的数学探索往往从一些经验性问题开始,积累有关数学概念及其关系的原始线索,从中追寻规律性的东西.逻辑思维在此时的作用是把零散的经验性材料组织起来,构成理论的雏形.等到经验性材料积累到一定程度,理论化系统化的工作才得以进行.逻辑思维在此时的作用是帮助建立理论系统的框架,把所有经验性材料加工成一个严格的演绎系统.这个演绎系统并不一定是最简洁的.逻辑思维的进一步作用是使其尽可能简洁优美,尽可能"浓缩"已有的数学知识.最后,整个数学理论被加工成一个高度抽象、简洁、优美的形式系统.数学与逻辑至此也就达到了相互包容,难分难离的程度.逻辑思维的上述作用,是与数学的抽象和形式化思维相结合进行的.这种对数学知识的"浓缩"作用,使得人们有可能在有限的时间内掌握日益增多的数学知识,把握其本质特征,以适应数学不断发展的需要.

(3)逻辑思维对数学发现提供必要的启示和引导,在一定意义上成为数学发展的动力.这种作用大体可分为三种类型:

①肯定已有的逻辑前提,通过演绎途径获得新的推论.任何一个数学分支的公理基础建立起来后,都有一个完善理论体系的工作,这就是从公理推演出尽可能丰富、详尽的定理和法则,不仅包括本学科分支的推论,也包括在相邻有关学科分支的应用结果.

②改变已有的逻辑前提,进入新的领域.我们在前面谈到公理化抽象时已提到这一点.如前所述,非欧几何的创立就是这种情况.与此类似,还有非结合代数、非阿基米德几何、非康托尔集合论等.当然,改变已有逻辑前提不是任意的,它要受种种客观因素制约,比如与其他数学公理或基本法则是否相容,是否具有独立性,推出的结论是否丰富而有价值,等等.

③根据需要发现或确定新的数学对象.我们前面谈到构象化的抽象法则时提到过这种情况.现代数学中的很多对象,如虚数、群、环、域、四元数、狄拉克函数、算子等都是这类产物.数学家在工作中感到,如果不确定这些数学对象,那么整个数学发展在逻辑上就不能自洽,就不完善,一旦确定了它们,数学理论体系立即变得简洁优美.数学美的主要标志之一是逻辑上简洁和谐.逻辑上的不完美本身就会促使数

学家改进已有的理论体系,这种努力往往导致新的数学发现.

3.2 数学与公理化

我们前面已多处提到过公理化的理论和方法.有关公理方法在数学史上的作用的具体事例,是许多人都熟悉的,我们这里不想过多地介绍公理化理论和方法本身,而是着重从思维方法角度来考察公理化的特点.

法国布尔巴基学派曾经指出:"公理方法引人注目的特征是它实现了思维经济.'结构'就是数学家的工具,每当他发现在他研究的元素之间具有满足某种类型的公理结构的关系时,他立刻可以动用起与这个类型的结构有关的普遍理论的所有武器储备,而以前在锤炼为攻克所研究的问题的必要工具时,必须依靠个人的天赋,而且由于所研究的问题的特点所决定的过分拘谨的推理,常常使他们负担加重.因此,可以说,公理方法不是别的,而是数学中的'泰罗制'①."

尽管布尔巴基学派接着说道,这个比喻并不贴切,数学家不是像机器那样在工作,在数学家的推理中独特的直觉起着主要作用(这个问题后面还要专门讨论),然而,公理方法在实现数学思维经济方面的作用却是不容忽视的.值得深思的是,有相当多的数学知识最终可以从为数极少的几条基本公理中推导出来,这种现象是否预示着人的数学思维结构的更为隐蔽、更为深刻的特性呢? 前面说到,皮亚杰认为数学结构和逻辑结构都是认识主体与客体相互作用的产物.看来,正是由于人(认识主体)具有主观能动性,能够不断调整自己头脑中的逻辑数学结构,使这种结构具有类似人的中枢神经控制系统那样的机能,能够随着数学的发展而不断进化,不断提高运行效率,才使数学的公理化成为可能.当然,这里有许多涉及思维科学方面的问题还有待深入研究.但这一点是可以肯定的.正是因为有了公理方法这一思维工具,才大大提高了数学工作者的思维能力,减轻了负担,使他们有足够力量驾驭日益扩展的数学领域里的丰富知识,看得更深更远.

在数学发展史上,公理方法的思维特征是经历多次变化的.前面说过,在 19 世纪以前,几何公理被认为是对不证自明的几何学基本事

---

① 《数学哲学译文集》,第 370-371 页.

实的高度概括,是同人们的常识相一致的.从思维特征上看,这一时期的公理化理论可称之为实质公理学.它所处理的对象已先于公理而定,公理是关于这类对象的认识,及表达这类对象的重要性质.欧几里得几何学公理体系就是一种实质公理学,与此类似的还有 17 世纪后发展起来的牛顿力学.实质公理学有着明显的直观意义,但缺乏足够的严密性.欧几里得所著《几何原本》中就存在一些隐蔽的逻辑缺陷,有些必要的公理当时并未发现,如顺序公理等.这显然是过于依赖感性直观的结果.

非欧几何创立之后,公理方法的发展进入第二个时期,即形式公理学时期.非欧几何的出现表明,几何公理是可以违背人们的感性直观的,从直观角度看来不可思议的命题(如过直线外一点可作无数条直线或不能作任何直线与已知直线平行),同样可以成为某些特定几何体系的逻辑出发点,而不致引起任何矛盾.这就是说,公理本身是可以不依赖于感性经验内容的,它们只与逻辑相容性有关.德国数学家帕什(M. Pasch)在研究射影几何公理基础时,进一步提出了公理是基本概念隐定义的思想.就是说,一个公理系统必然有在本系统里不定义的概念,通过这些概念可以给其他概念下定义.不定义概念的全部特征必须由公理表达出来.几何推导与几何概念的含义是没有关系的.正是在非欧几何和射影几何公理化研究的基础上,希尔伯特才提出了"桌子、椅子、啤酒杯"的著名思想,并给出了欧几里得几何学的完全的公理系统,奠定了形式公理学的思想基础.形式公理学的理论体系具有这样的特征,也是从某类对象得到的.但就公理本身来说,并不要求先给定某一类具体对象,它可以没有对象,也可以有许多对象,形式公理学的公理表示所有符合公理要求的可能对象的重要性质和关系.简言之,公理已经形式化了,进入更高的抽象层次,有了更广泛的适用范围.形式公理学大大扩展了公理方法的应用范围,使原来仅适用于几何领域的公理方法开始进入许多新领域.算术、集合论、概率论、泛函分析、量子力学等领域实现了不同程度的公理化,公理方法已经成为数学家手中更强有力的武器.

公理方法发展的第三个时期,是元数学时期.在这个时期,公理化和形式化更紧密地结合在一起,公理系统实现了彻底的形式化,成为形式系统.在形式系统中,不仅公理本身形式化了,而且所有基本概念,所有逻辑联结词,所有推导法则和定理,都完全形式化了.概念都成了符号,命题都成了公式,推导都成了公式的变形.元数学就是以形式系统为研究对象的.它首先用符号语言把一个数学理论的全部命题变成公式的集合,然后研究其语法和语义性质,证明其逻辑相容性.元数学的研究要使用"元语言"和"元逻辑",这是更抽象、更形式化的知识,这里不多说了.

公理方法由实质公理学时期发展到元数学时期,总的趋势是越来越抽象,越来越形式化,越来越失去直观意义.那么,是不是说公理系统的性质也就越来越简单,内容越来越贫乏了呢？不是的.当公理方法进入形式公理学时期,关于公理系统的相容性、完全性和独立性的讨论就被突出起来了.在元数学时期,还要考虑到形式系统中公式的可判定性、可满足性和有效性等性质.简单地说,可判定性指的是对一整类命题有一个统一的确定的方法,用此方法经有限步骤可判定这类命题中任何一个命题的真假.可满足性指的是一个公式在某个模型中可以满足,有效性指的是一个公式在任何一个模型中都有效.这些性质是在公理系统发展到较高级阶段才突出表现出来的性质.这种现象又一次表明,数学的极度符号化和形式化的发展,并不是越来越空洞,而是越来越丰富、具体.公理系统发展到形式系统,应该说是更深刻地反映了数学思想体系的本质和内在结构,因而才在数学研究中发挥了更大的作用.

公理方法发展到现代,其人为的因素已经大大增加了.有些人以为,只要不违背逻辑相容性的要求,就可以自由地构造公理体系.这是不对的.英国数学家阿蒂亚(M. F. Atiyah)曾指出:"像物理的情形一样,认识到形形色色的问题中哪些共同的特征应该抽出来加以公理化,这是一个经验与判断的问题,最终的严格考验就是对原来的数学问题是否有新的认识①."非欧几里得几何的平行公理、非阿基米德公理等表面上似乎是自由构造出来的公理,实际上是以对欧几里得平行公理、阿基米德公理等经典数学公理的研究为基础的.经典数学的公

---

① M. F. Atiyah:《纯数学的发展趋势》,《数学通报》1979 年第 2 期.

理或基本法则是数学发展在一定阶段的产物.它们虽然是对现实世界数量关系在某一方面的反映,但不可避免地带有一定的认识局限性.改变这些公理或基本法则意味着打破局限性,深入新的认识领域,对现实世界做更全面、更深刻的反映.这种思维的能动作用是适应人类认识的客观规律的,因而才能够推动数学的发展,并在自然科学发展中起重要作用.了解公理方法的人为特征必须考虑数学发展的客观的历史背景.如果忽视这一背景,想随意构造公理系统,那是不会有成效的.法国数学家丢东涅曾谈过这个问题.他说:"危险只是在于有的人宁可一心一意妄图超过前人而不是去解决尚未解决的问题,这样去搞一些'毫无根据的'抽象.自从 19 世纪末起,就存在着这种没有根据的公理化趋势……只是为了任意推广已知的现象而人为地引进公理系统很少取得显著的成功.比如,抽象地研究格序集合(或格),或者最一般的非结合代数并没有达到作者的期望,只能够用来去解决一些老问题[1]."

公理方法的使用还需注意另一方面的问题,就是要防止认识的静止化.虽然已有的公理是经过长期选择才确定下来的,但它们不会成为数学理论体系的一劳永逸的逻辑基础.随着数学的发展,不断增添新的公理是完全必要的.公理化是一个永远不会完结的过程.法国布尔巴基学派在推动数学的形式化和公理化方面做出了巨大的努力.这个学派把数学各分支按结构性质划分,运用公理方法按照结构观点重新加以整理.他们的所谓"结构",是一些用若干公理来定义的基本数学关系.最基本的结构是代数结构、序结构和拓扑结构.以这三种结构为基础,可以形成各种复合结构、多重结构、混合结构等.布尔巴基学派对各数学分支的内容逐一进行分析、概括和抽象,提炼出其中的结构关系.他们的气魄很大,希望把全部数学或大部分数学都纳入各种结构系统中去.然而他们从不想追求全部数学的完全的公理化.他们认为:"没有什么东西比科学静止概念离公理方法更远了.我们不想引导读者有这样的看法,即认为我们声称我们已经描述了这门科学的最终确定的状况.结构无论在数量上还是在它们的本质内涵上都不是永

---

① J.丢东涅:《数学家与数学发展》,《科学与哲学》,1979 年第 5 期.

恒不变的.十分可能在数学的未来发展中,基本结构的数量可能增加,它揭示新公理或者新公理的结合十分富有成果.我们能够由现在已知的结构得出的进展,来事先估计到由发明新结构导出的重要的发展.另一方面,这些已知结构也绝非像完工的大厦;假如所有的本质都已经由它们的原则中抽取出来,那就真是一件令人大为惊讶的事[①]."

3.3 数学公理化的必要性和局限性

数学的公理化在数学史上发挥了巨大的作用.很多人对数学公理化的必要性都有一些直观的理解和亲身感受.尽管如此,从思维科学角度讨论一下公理化的必要性还是有益的,这样做有助于人们对公理方法意义的更深入理解.

一般说来,数学公理化的必要性表现在如下几个方面:

(1)公理化赋予数学内在的统一性,有助于人们了解数学各分支、各部分之间的本质联系.德国数学家 H. 外尔(H. Weyl)对此曾有过深刻论述.他指出:"公理方法常常揭示表面上相差很远的领域之间的内在关系,并使得它们的方法能够统一化[②]."布尔巴基学派认为,"数学科学内部的进化,比任何时候都巩固了它的各个部分的统一,并且建立起比任何时候都更加有联系的整体,一个数学所特有的中央核心.这个数学进化最重要的地方在于,各种数学理论之间的关系的系统化,它的总结就是通常被称为'公理方法'的方向[③]."

数学的统一性是近代数学以来越来越明显表现出来的思想特征.它反映了数学认识活动由局部到整体,由分析到综合不断发展的趋势.最初的数学认识成果难免是零散的、孤立的、缺乏内在联系的.它们实际上是对数学思想结构的各个侧面的研究,带有人为的割裂性质.随着认识的发展,原来被割裂的数学各部分联系逐渐被修复了,原来留下的"空白"区域逐渐被填补了.于是人们发现许多数学分支的不同概念和法则其实是对同一数学对象从不同角度的刻画,许多数学分支的思想方法可以相互渗透,彼此交叉使用.数学的统一性是我们前

[①] 《数学史译文集续集》,第 24 页.
[②] 《数学史译文集续集》,第 93 页.
[③] 《数学哲学译文集》,第 363 页.

面提到的数学强抽象的思想基础,对数学统一性的发现要借助形式化的力量,对各种形式化结构进行比较,揭示其共同特征.然而,要从本质上理解和掌握数学的统一性,必须通过公理化的工作,只有公理系统才能准确表现数学各分支、各部分之间的本质联系.19世纪50年代到70年代,一些数学家已经在射影性质的基础上陈述和定义度量性质——角度和长度,这就表明射影性质在逻辑上是更基本的.德国数学家 F.克莱因提出了著名的"埃尔朗根纲领",用变换群的观点来统一各几何学分支.他的工作表明,射影几何在逻辑上是独立于欧氏几何的,欧氏几何和非欧几何都可以看成是射影几何的特例或子几何.德国数学家帕什进一步研究了射影几何的公理化基础以及射影几何与子几何的关系.这才从根本上把射影几何和各种度量几何统一在一个公理系统之中,为希尔伯特后来建立统一而完备的几何基础铺平了道路.

(2)公理化使逻辑思维在数学中的作用得以充分发挥,大大提高了数学研究和数学教育的成效,实现高度的思维经济.这一点我们前面已说过一些.逻辑思维在"浓缩"数学知识方面的作用,在为数学发现提供必要的启示和引导方面的作用,都以公理化阶段表现得最为突出.公理化使一些古老的数学分支获得了新的理论形态和发展动力.算术、概率论、代数等数学分支正是通过公理化才具备了现代形态.

(3)公理化在科学方法论上有示范作用.公理方法对现代理论力学及各门自然科学理论的表述方法都起到了积极的借鉴作用.比如,20世纪40年代,波兰数学家巴拿赫(Banach)曾完成了理论力学的公理化,物理学家还把相对论表述成公理化形式.希尔伯特在建立几何基础后许多年,听说生物学家发现可以通过一组特定的公理来推导出果蝇的遗传规律,感到极为欢欣鼓舞.他说:"如此简单和精确,同时又如此巧妙,任何大胆的想象都难以想到[①]!"

19世纪末20世纪初,由于公理化方法的巨大成功,使许多数学家对数学的公理化抱有一种过分乐观的希望.希尔伯特本人就曾致力于实现全部数学的彻底形式化和公理化,企图消除数学中一切逻辑矛

---

① 康斯坦西·瑞德:《希尔伯特》,第76页.

盾. 然而不久以后, 公理化开始暴露出局限性, 奥地利数学家哥德尔 (K. Gödel) 在揭示这种局限性方面发挥了重要作用. 1931 年, 他提出了著名的"不完全性定理". 这个定理指出, 任何包含数论在内的形式系统中都存在一个不含自由变元的公式 A, 使得 A 和它的否定式 ¬ A 都不是定理, 形式数论系统的相容性证明不可能在形式数论系统内实现. 由此可知, 没有任何一个形式系统足以包含任何一个有意义的数学分支, 更谈不上全部数学的形式化和公理化了. 后来, 美国数学家丘奇 (A. Church) 在 1936 年提出"不可判定性定理", 指出没有一个判定程序能确定形式算术系统的任一公式是否可证, 同样, 也没有一个判定程序能确定数理逻辑中谓词演算的任一公式是否可证. 英国数学家图灵 (A. M. Turing) 用理想计算机的停机问题的不可解定理也证明了谓词演算的不可判定性. 谓词演算是形式系统的逻辑工具, 谓词演算的不可判定性意味着形式系统本身存在逻辑缺陷. 波兰数理逻辑学家塔尔斯基 (A. Tarski) 还提出了真值概念的不可定义性定理, 指出形式算术系统中的真值概念是不可定义. 当然, 任何包含形式算术系统作为其中一部分的形式系统中, 真值概念也是不可定义的. 丘奇和塔尔斯基提出的定理都可以由哥德尔不完全性定理推出. 它们从不同方面表明, 形式化和公理化不可能解决数学的一切问题. 任何一个数学分支的形式系统, 其中都不可避免要包含形式算术系统作为其中的核心部分. 由于形式算术系统中总有不可证的命题, 形式推算总有力所不能及之处, 形式算术系统本身不存在一个普遍的真值定义, 所以整个数学理论体系也不可能实现彻底的形式化和公理化, 获得彻底的严格性.

公理化发展中的平衡因素, 是对具体的数学内容的非公理化的研究. 一般说来, 对具体数学内容的研究是公理化的源泉. 正如德国数学家外尔所说: "各个确定的具体问题首先是在它们的不可分割的复杂性中被攻克的, 可以说是用一种蛮力单独地把它解决的. 只是在此之后, 公理学家才一道走来并说: 你可以不必凭借你的全部威力破门而入, 弄得碰伤了手, 而应当选出这种那种精巧的钥匙, 用了它你就能非常平稳顺利地打开这座大门. 但是他们所以能选出这把钥匙, 只是因为在破门成功以后, 他们就可以里里外外地仔细察看门上那把锁. 在你能够一般化、形式化、公理化之前,你必须先有数学实体①."当然,公理化本身也有助于发现和创造新的数学实体.但单纯靠公理化,而不是同时发展非公理化的具体数学内容的研究,公理化本身也是不会走多远的.正确的方法是把二者结合起来,使其互相促进,相得益彰.

3.4 数学左脑思维的限度

数学的抽象、符号化、形式化、逻辑思维和公理化等思维活动,都是由人的大脑的左半球支配的,都属于左脑思维的范围.现代的公理方法,即对形式系统的研究,是上述各项思维活动的高度统一.现代的形式化和公理化趋势足使人们更深入地思考左脑思维的共同特征,并探讨用计算机来模拟这类思维活动的可能性.这方面的研究同时也揭示了数学左脑思维的限度,展现了左脑思维与右脑思维的密切联系.

数学左脑思维的共同特征,主要是确定性、严格性、并带有一定程度的能行性(即在有限步骤内按确定要求可以完成的性质,也就是通常所说的"机械性").人们通常所说数学具有严格精确的特点,主要是就左脑思维而言的.无论是抽象思维还是逻辑推理,都必须要求严格精确、毫无歧义.数学中的逻辑思维在很大程度上是能行的,也有一些非能行的,或至今看来还很难说是否能行的思维活动.比如复杂的数学抽象思维活动,数学符号和数学公理的选择,个别数学命题的判定,等等.涉及无限数量关系的逻辑推理,如以无穷公理为基础的推理,超穷归纳法等,都不属于能行思维的范围.

数学左脑思维的确定性、严格性和能行性,在一定范围内是可以用计算机模拟的,因为计算机的运算过程恰好也具有确定性、严格性和能行性的特点,计算机可以很好地模拟人的能行性思维活动,取代数学中逻辑思维的大部分内容.各种计算机都有一个预先就做在机器中的固定的指令集,这些指令对应于形式化公理化过程中进行推理的固定规则.给计算机输入一定的公理和推理规则,很多数学知识就可以自动地推导出来.当代数理逻辑学家王浩曾编制了一个通用程序,仅花了 9 分钟就证明了罗素、怀特海的《数学原理》中 350 条定理,这是令人叹为观止的成就.同样,计算机还可模拟人脑归纳推理的功能,

---

① 《数学史译文集续集》,第 78 页.

它可以从大量图形中抽象出一般概念,如"三角形""四边形"等,并能对图形进行正确分类①.现在很难说计算机对数学左脑思维的模拟最终会达到什么程度,目前人们设定的一些界限也许将来会被超越,一些高超算法的出现也许会解决目前看来计算机无力解决的问题.然而,目前计算机所能模拟的毕竟只是数学左脑思维中相当有限的一部分内容,其智力水平还是不高的.现在还没有理由把数学左脑思维看成最终可完全由计算机取代的思维形式.

有些数学家认为,哥德尔不完全性定理的出现已暴露了计算机模拟数学左脑思维的限度,这种看法有一定道理.美国学者奈格尔和纽曼指出:"哥德尔不完全性定理表明,即使在基本数论中也有数不清的命题是不能用这种公理化方法解决的.无论机器设计得多么好,运算得多么快,它都不能对这些问题做出回答.这一切使人感到,人脑在认识和模拟自己方面有内在的极限.……哥德尔定理表明,人脑的能力和结构是至今任何非生命的机器所不能比拟的②."数学家阿尔贝勃也强调,人与机器之间不仅存在量的差异,也存在质的差异③.然而哥德尔不完全性定理只是表明了真而不可证的命题的存在,并未给出具体构造出这类命题的方法,因而它提供的计算机模拟数学左脑思维的限度仍是不能完全确定的.还应指出,计算机不仅能模拟左脑思维,还能在一定程度上模拟右脑思维,如对空间形象的感知,图案的识别,等等,因而同样不能把计算机思维的限度同数学左脑思维的限度混为一谈.

数学左脑思维的限度究竟在哪里呢? 大体上可以说有这样几条界限:

(1)数学左脑思维在抽象领域里是通行无阻的,但无法处理形象领域里的问题.

(2)数学左脑思维在逻辑领域里是通行无阻的,但无法处理非逻辑领域里的问题.

(3)数学左脑思维在数学符号语言所及的领域里是通行无阻的,

---

① 参见《自动化》1977 年第 1 期.
② M. A. 阿尔贝勃:《大脑、机器和数学》,商务印书馆,1982 年,第 126-127 页.
③ M. A. 阿尔贝勃:《大脑、机器和数学》,商务印书馆,1982 年,第 126-127 页.

但无法处理尚不能明确用符号语言表达,而只能依赖直觉处理的问题.

将数学左脑思维的限度进一步加以概括,可以提出"关于抽象形式思维的不完全性原理",它可以从根本上说明数学左脑思维限度的理论意义.我们前面已经谈过,数学的抽象、形式化和公理化从不同角度刻画了数学形式结构的本质特征,它们都是在追求某种严格的、确定的东西.从反映论角度看,数学的抽象、形式化和公理化作为人脑反映机制的一种本能,总是在对事物存在关系形式的映象加以"分解和综合"(概括),这就决定了抽象形式思维往往是对实际存在的诸环节实行了不可分离的分离,一方面抓住其本质,视之为特征,概括为普遍属性,形成概念,作为精确逻辑思维的出发点,另一方面彻底扬弃其他环节,使这些环节再不出现在以后的形式推理内容中.抽象形式思维在本质上是单相的、僵化的、静止的,它不可避免地要割裂数学对象之间的某些有机联系,忽略数学理论体系的某些整体特征,而这些被一度忽略掉的东西积累起来,恰恰可能成为后来数学发展极为重要的东西.由此可知,数学的抽象形式思维总具有不完全性.哥德尔不完全性定理只是这种不完全性在一个方面的表现.

根据抽象形式思维的不完全性原理,可知单纯依赖左脑思维是不可能完全、精确地反映数学对象的所有特点和规律的.左脑思维的无节制地发展,会导致思维结果脱离实际,这正是某些数学悖论产生的根本原因.数学左脑思维必须与右脑思维相配合,才能在一定程度上避免抽象形式思维的不完全性.(当然,在一定历史阶段上要完全避免这种不完全性是不可能的.这个矛盾要在数学理论与实践的长期相互作用中不断解决.)

同一般人相比,数学工作者的左脑思维是高度发达的.这种状况有时造成一种误解,人们以为数学家只借助左脑思维即可从事数学研究和教学.有一位心理学家伽登纳(Gardner)曾以一种稍嫌不恭的方式,把数学家想象成大脑右半球受损伤而失去机能的病人.他说:"在这里列举的右半球损伤病人的行为……与那些卓越的年青数学家或计算机科学家相联系.这种高度理性化的人对谈话中的不相容性非常敏感,总是寻求以最严密的方式形成思想.他对自身的状况毫无幽默感,更不用说那些构成人类交往核心部分的很多微妙的直觉的人际关系了.人们感到同他们说话得到的回答,毋宁说是从计算机印出纸带上高速抄录下来的[①]."这种比喻虽然很刻薄,倒也反映出单纯依赖左脑思维的人们的思想特征.

实际上,绝大多数数学家并不是单纯依赖左脑思维,而是使左右脑思维共同发挥作用的.正常的数学思维活动必须充分利用右脑的功能,右脑思维的重要性绝不亚于左脑思维,尽管它表现得并不明显.我们分析左脑思维的限度,是为了进一步了解数学与右脑思维的关系,使我们对数学思维的真实过程获得更全面的认识.

① P. J. Davis，R. Hersh：The Mathematical Experience，Chapter Ⅺ.

数学与右脑思维

四 数学与猜测

4.1 数学与探索性思维

数学研究是一种探索性的活动,数学的认识活动当然也离不开探索性思维.探索性思维还不能完全说是数学右脑思维,而是由左脑思维向右脑思维的过渡类型.探索性思维中离不开对各种可能的数学猜测的论证和反驳,其中有大量的逻辑思维过程,因而属于左脑思维的范围.但探索性思维中更重要的是数学猜测的提出,是数学发现的技巧,是一种并非确定的能行的思维过程,其中蕴含着丰富的创造性活动.所以我们主要从右脑思维的角度对它进行讨论.

数学中的探索性思维从数学发端时即已开始了.但由于数学家历来都注重数学研究成果的逻辑整理和记述,因而获得这些成果的探索性思维过程本身很少有专门研究和详细记载.历史上比较著名的探索性思维是古希腊大数学家阿基米德的"启发式论证法".他在写给亚历山大里亚数学家埃拉托色尼(Eratosthenes)的一封信中谈到了这种方法.他写道:"对我来说,某些定理首先是借助于力学方法才清楚的.由于这种方法没提供真正的证明,因而它们还需要从几何上加以证明.显然,当我们借助这种方法对一个问题已了解到某些情况,就会比没有这些预先的知识更容易找到一个证明[①]."他发现球的体积公式,就是用的这种"启发式论证法".我们知道,球的体积公式是 $V = \frac{4}{3}\pi r^3$.就是说,球的体积是一个圆锥体积的 4 倍,这个圆锥的底是球的大圆,而高是球的半径.阿基米德如何发现这种关系呢?他运用物理学上的

---

① H. Meschkowski: Ways of thought of great mathematicians. Holden-Day, Inc. 1964. p. 15.

杠杆原理,考察一个球、一个圆锥和一个圆柱在天平两臂不同点上力的相互关系,并把这三个几何体的横截面的相互位置和质量关系准确表示出来.这样可以很容易地看出球体积与圆锥体积的关系.但这种关系还没有经过严格的几何证明.阿基米德认为这种方法的作用只在于启发人们发现数学定理,真正的数学证明还要按照严格的逻辑思维程序进行.这就是"启发式论证"的含义所在.

数学中的探索性思维在现代得到了专门研究.美国数学家G.波利亚在这方面做出了突出贡献.我们在绪论中提到过他的一些重要专著,如《怎样解题》《数学的发现》《数学与猜想》等,其中提出了探索性思维的许多基本原则.波利亚不仅是一位著名数学家,也是一位著名的数学教育家和杰出的教师.他相信数学发现是一种技巧,发现的能力可以通过灵活的教学加以培养,从而使学生们自己领会发现的原则并付诸实践.他在《怎样解题》一书中曾给出了一个有关"怎样解题"的总的方案,主要包括这样几个步骤:

第一,你必须弄清问题(包括弄清未知数是什么? 已知数据和条件是什么? 画张图,引入适当的符号,等等).

第二,找出已知数与未知数之间的联系.如果找不出直接的联系,你可能不得不考虑辅助问题(包括先解决一个与此有关的问题,想出一个更容易的,或更普遍的,或更特殊的有关问题,改变某些条件,寻找与已知数和未知数有关的数据,等等),无论如何,应该最终得出一个求解的计划.

第三,实行你的计划(证明每一个步骤的正确性).

第四,验算所得到的解(并考虑可否用别的方法导出这个结果)[①].

以上这些原则都用很多实例详细加以阐述,并给出了有关的策略、方法、经验、忠告,连同数学史上有关探索性思维的许多生动素材.作为一般性的论述,波利亚还指出:"探索性论证不是最终的和严格的论证,仅是临时的和似乎为真的,其目的是去发现当前问题的解.我们经常不得不使用探索式论证.当我们得到完整的解以后,我们得到完

---

① G.波利亚:《怎样解题》,科学出版社,1982 年,第 13-15 页.

全的肯定性,但在得到这种肯定性以前,我们经常只能满足于多少有些似乎为真的猜测.……当我们构造严格的论证时,我们需要探索式论证就像盖房子需要脚手架一样①."这种观点显然同阿基米德的观点是一脉相承的.

在《数学的发现》一书中,波利亚的观点得到进一步发挥.他对数学发现的各个细节进行了具体分析,从中揭示其规律性,我们知道,探索性思维中最关键的环节是提出一个有希望的合理的猜测.这是创造性极强的思维过程.波利亚谈到了这个过程的思维特征.他说:"一个问题的解答可能会突如其来地展现在我们面前.对于这个问题经过长时间的郁郁沉思而苦于缺乏明显的进展之后,顷刻间我们想出了一个好的思路,看见了黎明,显现了一线灵感的光芒."②他谈到通常有用的思想是自发地产生的.随着新的思想的产生,原有问题中的各个元素开始具有新的作用,赋予了新的意义.新的思想的出现具有某种偶然性,并不是我们希望它来临时就一定会来.

波利亚的观点实际上涉及数学的想象和直觉,这是数学右脑思维中更为隐蔽更加复杂的方面.一般说来,在数学的探索性思维中,主要包括猜测与反驳两个方面,猜测这方面更为复杂,技巧性更强一些.在猜测的各种类型之中,与想象和直觉有关的猜测更难获得,也更有价值.因此,我们在讨论数学的右脑思维时,要分别讨论数学与猜测、数学与想象、数学与直觉这三个方面的问题.这并不意味着猜测、想象和直觉具有彼此独立的意义,它们实际上都是数学的探索性思维中必不可少的内容.

不过,在具体讨论数学的猜测、反驳、想象和直觉之前,还有必要说明一下从事探索性思维的基本要求,包括一些必要的心理准备、知识准备和技巧准备.波利亚在他的几部著作中谈到了有关内容,我们在重新整理的基础上加以必要补充.这是一些可以用逻辑关系分析和叙述出来的规则,同时又带有很大程度的经验性和不确定性,恰好具有介乎于左脑思维和右脑思维之间的特征.

首先,从事探索性思维需要强烈的解题欲望,甚至时常要到着迷

---

① 同上,第 112 页.
② G.波利亚:《数学的发现》第二卷,科学出版社,1987 年,第 400 页.

的程度.精力高度集中才有助于开拓思路,克服困难,绕过障碍,最终获得问题的答案,波利亚将这种心态称为"与题目息息相关",这是很恰当的.有些人之所以在从事探索性思维时屡遭失败,一个重要因素就是心理准备不足.他们有一种速胜的愿望,但没有必胜的信心,没有准备足够的力量攻克难题,因而在陷入困境时一筹莫展,并常常把失败原因归咎于天分不够或知识水平不足.这种人是难以在数学世界里走得很远的.

其次,从事探索性思维需要一定的知识准备,就是说,调动头脑中记忆的有关知识,把它们与要解的课题联系起来,按照波利亚的术语,这叫作"动员"与"组织".这里包括对某些熟悉特征的辨认与回忆,对解题必需的某些材料的充实与重组(如引进辅助线,对原题进行重构,在新的构型下理解已知元素),对复杂问题的各种细节的分离与结合,等等.最初的知识准备往往局限在人们已熟悉的范围内.如果这种准备对于解题无济于事,使人们看不清有希望的线索,那就意味着知识准备不足,需要扩大范围,改变思考问题的角度,充实新的材料,或者使已有材料获得新的意义.

波利亚对探索性思维中的知识准备做了一个图解式总结,见图9①.他解释道,可以从动员起来的细节走到组织好的整体:一方面,一个被辨认出的细节经仔细分离出来和认真考虑后,可诱发重组整体构思;另一方面,要是一个回忆出来的细节适于结合,这个细节就会恰当地添加到对问题的构思中,也将充实整体.预见是旨在解题的思维活动中心,相应地占据上述图形的中心位置.我们通过动员和组织、分离和结合、辨认和回忆题中的各种元素,以及重组和充实我们的构思这一系列过程的连续进行,来预见问题的解,或解的某些特征,或部分答案的具体实现途径.如果预见是突如其来闪现的,那就是所谓"灵感".

最后,从事探索性思维需要较好的技巧准备.探索性思维能否成功,在很大程度上依赖于个人的经验和技巧,这里有许多东西必须经过长期的亲身体验才能理解,其中有些事情是只能意会而不能言传

---

① G.波利亚:《数学的发现》第二卷,第424页.

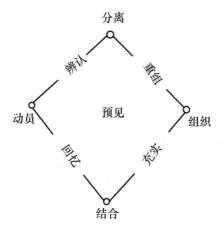

图 9

的.我们知道,同样解一个难题,生手和老手的反应是不一样的.生手急于求成,但思路缺乏条理,决心不果断,从困境中摆脱出来的速度很慢.老手谨慎从事,思路条理清楚,善于决断,很容易发现并摆脱失误.两者的差别显然是经验和技巧上的差别.生手只有通过长时间苦心钻研,积累经验,提高技巧水平,方能在探索性思维中有较大的获胜希望.在数学教学中,有些学生往往不喜欢大量的解题训练,认为这是些前人早已解决的有现成答案的问题,对于探索性思维并无益处.须知要获得真正的数学发现,是一定要有较好的技巧准备的.而平素的解题训练实际上就是数学发现的演习,重要的经验就是从这里逐步获得的.当然,也需要注意,在解题训练中必须自觉地进行探索性思维的技巧准备和经验积累.如果忽视了这一点,把解题训练变成了单纯应付考试的机械训练,使学生忙于凭机械记忆各种类型题及其固定算法,以求得一个好分数,那就离探索性思维越来越远了.

4.2　数学猜测与反驳的作用

数学探索性思维的核心问题,是数学的猜测与反驳.猜测提出新思想,而反驳加以修正.英国数学哲学家 I.拉卡托斯对数学的猜测与反驳进行了专门研究,从而把数学探索性思维的研究推向了一个新阶段.

拉卡托斯的《证明与反驳》一书对数学猜测与反驳的过程和规律性做了详尽分析.他描述了一个假想的教师和他的学生们证明著名的

欧拉-笛卡儿多面体公式 $V-E+F=2$ 的过程(这里 V 表示多面体的顶点数,E 是它的边数,F 是它的面数).

从经验角度看,欧拉-笛卡儿多面体公式是很容易验证的. 在我们熟悉的多面体中,V、E、F 取下面的值:

	V	E	F
正四面体	4	6	4
四棱锥体	5	8	5
立方体	8	12	6
正八面体	6	12	8

假想的这个教师提出了把多面体表面铺展在一个平面上的传统证明. 这个"证明"立即招致学生们提出的反例的攻击. 在这些反例的影响下,定理的陈述被修改,证明被修正和精致化. 随着新的反例的产生,不断出现新的调整[①].

拉卡托斯特别重视数学知识发展中反例的作用. 他认为从问题和猜测开始,就有着关于证明和反例的同时性研究. 新的证明解释老的反例,新的反例推翻老的证明. 在拉卡托斯看来,在没有经过严格逻辑整理之前的、非形式化的数学思维活动中,"证明"并不意味着传递真值的机械程序,而只是意味着解释、证实、阐述,使猜测更逼真,更为可信. 这种证明的每一步都服从于批判. 如果一个反例向论证的某一步骤提出挑战,可称为"局部的反例". 如果反例是向结论本身提出挑战,那就是全局的反例.

比如,关于欧拉-笛卡儿公式的传统证明,本来是法国大数学家柯西想出来的. 这就是把多面体表面展成一个平面网络,然后逐次化简为一个单独的三角形(当多面体表面展成平面网络时即已去掉一个面,这时 $V-E+F=1$. 然后把平面网络作三角剖分,依次去掉各三角形,都不会改变公式 $V-E+F=1$. 最后剩下的三角形当然也满足该公式). 这个证明在 19 世纪是不被怀疑的,当时许多数学家曾认为它牢不可破. 然而,拉卡托斯通过假想的学生们之口,提出了一系列怀疑意见和反例. 他指出,整个证明实际上只相当于一个"思想实验",其中各步骤都有值得推敲之处. 任何一个多面体去掉一个面都能在平面上

---

① 参见伊姆雷·拉卡托斯:《证明与反驳》,上海译文出版社,1987 年.

展开成网络吗？在三角剖分时，每添一条新边永远得到一个新的面吗？依次去掉各三角形，可以不拘次序吗？（不拘次序实际上可以出现局部反例。）如果有一个空腔的多面体，$V-E+F=2$还能成立吗？（这实际上是一个全局的反例。）诸如此类的问题暴露了传统证明的不严格之处，这就为新的数学发现开辟了道路。

拉卡托斯关于证明与反驳的研究，也可以做一个图解式总结①：

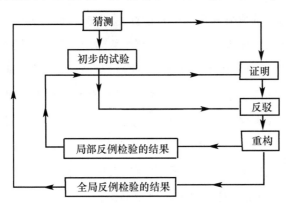

图 10

图 10 中箭头所指的方向表示探索性思维中的思路。这里存在几个不同的循环思路。最外围的思路表示，一个猜测经证明、反驳、重构之后，经全局的反例加以检验，导致新的猜测。这是比较彻底地解决问题的方法。中间一个层次的思路表示一个猜测经证明、反驳、重构之后，经过局部的反例加以检验，对原有证明进行修正，使之精确化。最里面层次的思路是把猜测作初步试验，然后直接加以反驳，进行重构和局部反例检验，最后再进行证明。这是取捷径的办法，它在很多时候是行之有效的。无论哪种思路，证明与反驳的功能都在于改进猜测，使它更加准确，更接近于数学真理。因此，可以说，数学的猜测与反驳是获得数学发现的必由之路。

拉卡托斯对证明与反驳的研究，还具有更深刻的理论意义。在他看来，整个数学理论体系本身都是通过对理论的不断批判和反驳而生长，通过理论的更新和竞争而取得进展的。欧拉-笛卡儿公式的传统证明曾被认为是完美无缺的，后来不是也被驳倒了吗？谁能保证现有的

---

① 引自 P. J. Davis & R. Hersh：The Mathematical Experience. Chapter XI.

理论成果将来永远不会被驳倒,不会遇到反例呢？人们一般都会接受这样一种观点,即没有经过严格逻辑整理的,正在生成中的非形式化的数学理论,具有猜测和可反驳的性质,但严格形式化的理论就不是这样了.其实不然,我们前面已经谈到,数学的形式化和公理化也是有局限性的,不可能解决数学中的一切问题.形式化和公理化发展中的制约和平衡因素是数学的经验和直觉.既然要依靠经验和直觉,那就势必存在猜测的成分和反驳的可能性.今天被人们认为已严格形式化的完美无缺的数学理论,如果放在整个数学历史发展的漫长背景上去认识,又何尝不是一种生成中的、可能遭到批判和反驳的理论形态呢？拉卡托斯力图揭示数学的这种可能出错并遭到反驳的性质,其意义在于使数学工作者保持思想活力,避免思维方式的僵化.由于经过严格逻辑整理的数学理论体系在一定范围内确实有着无懈可击的性质,很容易使人们误以为它们永远不会出错.人们忘记了这些理论成果是历史的产物,它们不可避免地带有历史局限性,以为数学真理就是绝对真理的稳步积累.这样一来,已有数学成果中存在的逻辑缺陷和谬误也就往往被忽视了.拉卡托斯改变了数学发展的这种过于理想化的保守的虚幻图景,把历史的批判的思想因素引入数学研究之中,使数学思维变得更富有活力,这是一个重要的理论贡献.通过拉卡托斯的研究,我们现在可以说,数学的猜测和反驳是促进数学思维发展的强大动力,从而也就成为推动整个数学历史发展的强大动力.

数学的猜测和反驳还有一点好处,就是常常能带来许多意外的副产物,有时副产物的价值甚至已超过了数学猜测本身.比如,17 世纪法国数学家费马曾提出了一个著名的猜测,即不定方程 $x^n + y^n = z^n$ 在 n 大于 2 时不存在正整数解.这个猜测通称为"费马大定理".几百年来,有无数的人力图证明这个猜测,采用了种种方法,但都未获得成功.1985 年,美国加利福尼亚州立大学伯克利分校的罗瑟教授利用大型计算机,证明当 $n \leqslant 41\,000\,000$ 时这个猜测是正确的,但仍不算最后解决问题.[①]重要的是,在证明费马大定理的过程中,数学家获得了一系列理论成果.其中最重要的是德国数学家库莫尔创立的"理想数

---

① 参见尹斌庸等著:《古今数学趣话》,四川科学技术出版社,1985 年,第 31-37 页.

论". 它已成为许多数学分支的重要工具. 希尔伯特曾经说过, 他已找到一把神秘的钥匙, 有可能解开费马大定理证明之谜, 但他不愿这样做, 因为他说他不想"轻易杀掉这只能为人类生出金蛋的母鸡".

类似的例子在数学史上还有许多. 比如, 英国数学家哈代和李特沃德创立了堆垒数论中的"圆法". 在解决"连续统假设"问题时, 美国数学家科恩(P. J. Cohen)创立了"力迫法". 在证明"四色定理"的过程中, 出现了机械化证明的方法.[①] 数学的猜测有时成为吸引许多数学家共同追求的目标, 在一定意义上引导着数学发展的方向. 1900 年, 在巴黎第二届国际数学家大会上, 希尔伯特提出了著名的"二十三个问题", 其中包含许多数学猜测. 多少年来, 各国许多数学家为这些猜测所吸引, 投入了大量精力, 并把全部或部分解决这些问题的成就引以为荣. 在解决希尔伯特二十三个问题方面的进展, 已经成为衡量一个数学家甚至一个国家数学水平高低的重要指标之一.

还有必要注意一个问题, 那就是数学的猜测和反驳有时候并不总导致确定的最终结果. 有些数学猜测看来是完全合情理的, 从经验证实角度看也有极大的可靠性, 然而按照传统的论证方式却很难证明和反驳. 因而这些猜测和反驳的历程本身就成为数学知识体系的一部分, 始终保持可能遭到批判和修正的性质. 比如, 有些数学猜测的证明是借助计算机进行的, 而计算机的使用无法保证绝对可靠. 计算机证明需要编出适当的程序, 程序的正确性本身就需要证明. 可以预料, 关于一个程序的正确性的证明, 远比产生这个程序本身长得多. 从硬件部分考虑, 人们只能假定它是高度可靠的, 每个部件失灵的概率是可以忽略不计的(但不是零). 如果一个极小的零件出现故障, 就有可能对整个证明结果造成影响. 因此, 计算机的证明和反驳具有一定程度的概率性质. 即使人们用两台机器分别证明然后进行核对, 也并没有从根本上改变这种概率性质. 退一步说, 如果不用计算机证明, 如果一个手工写下的证明有足够长, 长到有几百页上千页之多, 也无法保证其绝对可靠, 因为事实上没有哪个数学家会认真读这种证明并仔细核对每一个步骤而不出错. 人的精力是有限的. 数学证明越冗长烦琐, 越

---

① 参见徐本顺、解恩译:《关于数学猜想的几个问题》, 见《自然辩证法论文集》, 人民出版社, 1983 年, 第 140 页.

容易出毛病,其概率是随着证明的长度而增加的.在一般情况下,数学家之间只能借助于彼此信任的默契,来肯定并使用此类数学成果.这样的证明和反驳都不算完结,都存在无限发展的可能性.

数学的猜测与反驳是人的左脑和右脑不断合作的事情.猜测与反驳都包含一定的逻辑思维成分.猜测需要有一定的逻辑根据和线索,要形成一定的逻辑结构;而反驳要考虑猜测的逻辑缺陷,要按照逻辑推理发现猜测中的不合理之处.这些事情都是需要左脑来发挥作用的.但右脑在数学猜测与反驳中也有不容忽视的作用.脑科学研究发现,人的大脑右半球在监督和控制左半球方面有特殊功能.习惯于逻辑思维的左脑总是从逻辑分析角度想问题,做出各种各样的猜测,甚至毫无边际.前面说过,单纯依靠左脑的人,很可能用自己杜撰出来的逻辑关系取代事物的本来面目,犯脱离实际的毛病.这时右脑就主动控制左脑的逻辑猜测的漫无边际的发展,对各种猜测进行审核和选择,使人们的思路向有希望的方向发展.右脑思维注意研究对象的全局和细节,不愿漏掉任何有用的信息,从不相信根据个别事实就可做出总的结论.这就有效地防止了单纯的逻辑思维容易脱离实际的毛病.右脑是一个天生的怀疑派,它实际上提供了对猜测进行反驳的心理动力和必要信息.右脑的控制和监督作用提高了左脑思维的效率和准确性,相应的提高了猜测与反驳的质量[1].反过来,数学猜测与反驳的活动也会促进左右脑思维的配合与相互促进作用.猜测与反驳能力的训练,本身就是提高数学思维能力的重要途径.

4.3 数学猜测的方法

数学思维中左右脑相互配合的作用,更进一步体现在提出数学猜测的方法上.这些方法既是数学家长期实践的经验总结,又是数学猜测中思维规律的具体表现.

一般说来,提出数学猜测主要有以下几种方法:

第一,通过类比来提出猜测.这一点在前面讨论形式化的必要性时已经提到.类比的基础是数学对象形式结构的接近,这样可以由已知数学对象的性质推测未知的性质.德国数学家开普勒曾经说过:"我

---

[1] 参见谢尔盖耶夫:《智慧的探索》第 $106,129,138,139$ 页.

珍视类比胜于任何别的东西，它是我最可信赖的老师. 它能揭示自然界的秘密，在几何学中它应该是最不容忽视的[①]."

在数学史上，很多重要的数学猜测是通过类比得到的. 比如，法国数学家 A. 韦伊(A. Weil)曾通过类比提出了著名的"韦伊猜想". 他在处理有限域上多变量多项式解的问题时，由方程的情况类比方程组的情况，提出了方程组在有限域上解的个数与其复簇(复数解集)之间的可能联系. 这方面的猜测后来为当代比利时数学家皮埃尔·德林(Pierre Deligne)证明，德林因而获得了国际上最高的数学奖——菲尔兹奖[②].

又如，著名数学家欧拉在处理无穷级数求和问题时，由有限的情况类比无限的情况，获得了正确的答案. 17 世纪瑞士数学家雅各·伯努利未曾求出所有自然数平方的倒数之和，即

$$1 + \frac{1}{2^2} + \frac{1}{3^2} + \frac{1}{4^2} + \cdots + \frac{1}{n^2} + \cdots$$

为此他公开征求答案. 欧拉注意到了这个问题. 他把有限次的代数多项式因子分解定理用于无限次的情况. 我们知道，代数多项式分解因子之后，令各一次因式为零便可求出该代数方程各个根. 反之，若各根为已知，则多项式可用各根做成的一次式为因式连乘起来，表示成因子连乘积. 那么，像 $\sin x$ 这样的函数能否表示成因子连乘积呢？已知

$$\sin x = x - \frac{x^3}{3!} + \frac{x^5}{5!} - \frac{x^7}{7!} + \cdots$$

它可看作一个无限多次的代数多项式. 当 $\sin x = 0$ 时，有无限多个根

$$x = 0, \pm \pi, \pm 2\pi, \pm 3\pi, \cdots$$

如果 $\sin x$ 能表示成无限多个因子连乘积，那么应该有

$$\sin x = x \left[1 - \frac{x^2}{\pi^2}\right]\left[1 - \frac{x^2}{(2\pi)^2}\right]\left[1 - \frac{x^2}{(3\pi)^2}\right]\cdots$$

这便是著名的欧拉公式，它可以通过数学分析获得严格证明. 然后，如果把上式右端展开，可以看出 $-x^3$ 的系数是

$$\frac{1}{\pi^2} + \frac{1}{(2\pi)^2} + \frac{1}{(3\pi)^2} + \cdots = \frac{1}{3!},$$

① 　G. 波利亚：《数学与猜想》第一卷，第 11 页.
② 　参见胡作玄、赵斌：《菲尔兹奖获得者传》. 湖南科学技术出版社，1984 年，第 94-96 页.

从而得到自然数倒数平方的级数和

$$\frac{1}{1^2} + \frac{1}{2^2} + \frac{1}{3^2} + \cdots = \frac{\pi^2}{6}.$$

上面两个通过类比得出的猜测都是相当大胆的.从严格的逻辑角度看,这样做甚至可以说是荒谬的,从方程类推到方程组,从有限类推到无限,其中埋伏着许多危险的陷阱,很有可能出现错误.然而韦伊和欧拉还是勇敢地迈出了这一步.这里面不仅仅是单纯的冒险,他们还有许多其他方面的信息作为根据.欧拉就曾从多种角度进行数值检验,他核算了更多项数的更多位小数,发现所有核算结果都一致.这种数值检验当然只是一种经验证实,但证据的增长的确能使人们更有信心.由类比得出的猜测能获得成功,看起来是偶然的,实际上也预示着某种必然性.类比的成功是数学内在统一性的一种表现.数学的类比可以在相距不远的数学知识领域之间进行,比如平面性质与空间性质之间的类比;也可以在相距甚远的数学分支之间进行,比如数与形的类比.同一公理系统的不同解释之间,彼此同构或同态的数学结构之间,都有大量可类比之处.数学类比能力的提高,依赖于对数学统一性的深刻理解.只有在思维方式上善于融会贯通,举一反三,既有广泛的联想能力,又有对不同数学领域之间内在联系的敏锐洞察力,才有希望通过巧妙的类比,提出有希望的猜测.

第二,通过归纳来提出猜测.这里所说的归纳,主要是不完全的归纳,或者说经验性的归纳,即通过部分实例推测具有普遍意义的数学性质.数学史上不少著名猜测就是通过这种方式得到的.比如"哥德巴赫猜想",就是德国数学家哥德巴赫对大量数学性质进行观察和归纳的结果.与此类似,德国数学家比勃巴赫(Beberbach)提出的"比勃巴赫猜想"①、我国古代《周髀算经》中有关勾股定理的特殊形式及具体运用,贾宪、杨辉关于二项式展开系数的三角形的发现,都是通过归纳方式得来的.

通过归纳提出的猜测,需要以对大量数学实例的仔细观察和实验为基础.在这方面,数学思维仿佛具有与自然科学研究同样的性质.欧拉曾经说过,数学这门科学,需要观察,也需要实验.今天人们所知道

---

① L.德布朗基(L. de Branges)已证明比勃巴赫猜想,论文发表于 1985 年北欧 Acta Math 杂志上.

的数的性质,几乎都是由观察所发现的,并且早在用严格论证确认其真实性之前就被发现了.甚至到现在还有许多关于数的性质是我们所熟悉而不能证明的;只有观察才使我们知道这些性质[1].然而需要注意,通过不完全归纳提出的猜测同样有许多危险陷阱.有些时候,观察和实验的结果可能相当好,猜测与事实的相符程度会达到相当高的水平,以至于在自然科学领域里完全可以看作辉煌的证实.然而在数学领域中,很可能在意想不到的地方出现一个反例,就足以推翻以前所有实验结果.比如,费马曾发现 $F_n = 2^{2^n} + 1$ 在 $n = 0, 1, 2, 3, 4$ 时都是素数,其中 $F_4 = 2^{2^4} + 1 = 65\ 537$,这个数字已相当大,于是费马猜测"所有 F_n 都是素数".可是事隔半个世纪之后,善于计算的欧拉成功地把 F_5 分解为两个因数之积:

$$F_5 = 4\ 294\ 967\ 297 = 641 \times 6\ 700\ 417.$$

因此 F_5 就不是素数,这就推翻了费马的猜测.正因为这样,尽管现在有些重要数学猜测从各种角度看来非常有可能是正确的,数学家仍不敢贸然相信.数学史上著名的"黎曼猜想"至今尚未得到最后证明.有些数学家从不同角度对它进行验证,结果都相当理想.数学家 I. J. 古德(I. J. Good)和 R. F. 丘奇豪斯(R. F. Churchhouse)曾建立了一个与黎曼猜想彼此蕴涵的概率模型,验证的结果达到了八位精确度[2].这在物理学和化学实验验证时简直是不可想象的.数学家也相信这种高度的一致性绝非偶然,但他们仍然在追求最后的严格证明.

应该说,通过不完全归纳提出的猜测,在很大程度上依赖于机遇,甚至可以说是一种"巧合".因为数学中的观察和实验常常不是有意进行的,而是在日常研究工作中偶尔得之.捕获这种机遇,一方面要有广博的知识背景和敏锐的观察力,另一方面需要足够的精神准备,这就要求对数学观察的思维规律有一定的了解.前面说过,数学研究总是从个别的、局部的问题入手,注重特征分析,这样做已经是在不自觉地割裂了数学各分支、各部分知识领域的有机联系和内在统一性.因此,随着数学研究的深入和系统化,发现数学各领域之间联系和内在统一

---

[1]　转引自 G. 波利亚:《数学与猜想》第一卷,第 1 页.
[2]　P. J. Daris,R. Hersh:The Mathematical Experience,Chapter XIII.

性的机会将日益增多,其中有很大一部分可能就以"巧合"的方式表现出来.通过细心的观察捕捉这些"巧合",从多方面进行实验,运用不完全归纳法提出猜测,就有希望获得重要数学发现.当代美国数学家 P.J.戴维斯曾以"数学里有没有巧合"为题,对数学观察的这种性质进行了生动、深刻的分析.他列举了许多数学中"巧合"的例子,如 π 和 e 的第 13 位数字相等,有这样两个数:

$$A=\sqrt{5}+\sqrt{22+2\sqrt{5}}$$

$$B=\sqrt{11+2\sqrt{29}}+\sqrt{16-2\sqrt{29}+2\sqrt{55-10\sqrt{29}}}$$

它们至少在 26 位有效数字上是相符的,即

$$7.381\ 175\ 940\ 895\ 657\ 970\ 987\ 266\ 9$$

还有三角形三条中线相交于一点、三条角平分线相交于一点、三条高交于一点,等等.这些例子都蕴含着更为一般的定理,或能够成为进一步研究的出发点.他指出:"巧合总可以被提升或者组织成一种上层结构,它对于巧合的诸元素方面起着统一的作用.一种巧合的存在是一种覆盖性理论的存在性的有力证据."他还指出:"对于一个正在工作着的数学家,巧合是存在的.他能感觉到它,辨认出它,使用它作为归纳与构造的元素.他沿着某种路线追溯它的含义.在某种程度上,他甚至创造了它."作为一种方法论的准则,他提出,如果情况是充分随机的或者是足够"古怪"的,那么这种"巧合"就有极大的可能性蕴涵着一般情况下的正确性[①].这一准则对于提高数学的观察和归纳能力很有指导意义.

第三,通过减弱或强化定理条件提出猜测.这就是说,把某个定理的前提条件减弱或强化,设想其内容依然成立,于是可以形成新的猜测,实际上为更深入地探索已知理论的性质及其应用范围指出了方向.比如,古希腊数学家欧几里得曾提出并证明了"素数有无限多个"这一定理.后来人们以此为基础,提出了一系列猜测.是否存在无限多对形如 11、13,17、19 或 10 006 427、10 006 429 这样相差 2 的素数(即"孪生素数")呢? 若 n 为整数,是否存在无限多个形如 n^2+1 的素数

---

① P. J. Davis:《数学里有没有巧合?》,《数学译林》,1985 年第 1 期.

呢？对于每个 $n>0$，n 与 $n+2$ 之间是否都可能存在一个素数？在 n^2 和 $(n+1)^2$ 之间是否存在一个素数呢？又如，任何平方可积的函数可以展开成傅里叶级数，这个无穷级数是否能做到几乎处处收敛？俄国数学家鲁金（Лузин）猜测是这样。这一猜测后来证明是对的。减弱或强化定理条件之所以能获得有希望的猜测，原因在于人们最初对一个定理的适用范围和理论价值往往估计不准确，需要在实践中逐步摸索加以把握。适当改变定理条件是探测的一种有效手段，它能够比较方便地引导人们从已知领域过渡到未知领域，成功的希望也比较大。

第四，通过想象和直觉提出猜测。这类猜测涉及数学想象和数学直觉的思维规律，我们在后面还要专门加以分析。这里只想指出一点，就是有相当多的猜测既非类比又非归纳的产物，与各种已知定理也并无关系。数学家凭自己的特殊感觉就认为事情应该如此，这种猜测有许多后来真的被证明是正确的。比如著名的"连续统假设"，就是这样一种产物。德国数学家康托尔猜测，在可数集基数和实数集之间没有别的基数。这种假设从想象和直觉角度看来是完全合情合理的。1938年，哥德尔证明连续统假设与目前最常用的 ZF 集合论公理系统的相容性。1963 年，美国数学家科恩（P. Cohen）又证明了连续统假设与 ZF 系统的彼此独立性。这样，就在此种意义上解决了上述问题。

第五，通过逆向思维提出猜测。所谓逆向思维，是指在循着某一固定思路解决数学难题屡遭失败之后，沿着相反的方向进行思考，提出新的猜测。这样做有可能使数学研究摆脱困境，进入新的天地。历史上关于欧氏几何学第五公设的证明就是一个典型事例。两千多年来，许多人一直想在其他几何公设和公理基础上，把欧氏第五公设作为定理证明出来，却一直未获成功。其间许多"证明"不是有错误，就是不自觉地使用了与第五公设等价的命题。到了 19 世纪，高斯、罗巴切夫斯基和亚诺什·波约从不同角度逆向思维，猜测到第五公设不可能从其他几何公设和公理基础上作为定理推出来，换言之，这是一条独立的公理，因而完全可以用相反的命题来代替。这样就导致了非欧几何学平行公理的提出，在数学界引起了巨大变革。罗巴切夫斯基在说到自己的逆向思维过程时说"……直到今天为止，几何学中的平行线理论还是不完全的。从欧几里得时代以来，两千年来的徒劳无益的努力，促使我怀疑在概念本身之中并未包括那样的真情实况①.”作为一般性的阐述,希尔伯特指出:“有时会碰到这样的情况:我们是在不充分的前提或不正确的意义下寻求问题的解答,因此不能获得成功. 于是就会产生这样的任务:证明在所给的和所考虑的意义下原来的问题是不可能解决的②.”很多时候,这种任务的完成会产生比原来追求的目标更有价值的结果.

　　以上各种数学猜测方法的使用,显然都是需要左右脑相互配合的. 在类比的过程中,左脑大胆构思出数学对象未知的逻辑联系,右脑进行小心谨慎的核算检验. 在归纳的过程中,右脑提供观察和实验的素材,进行综合加工,在左脑那里形成较明确的逻辑关系. 然后右脑又百般挑剔,寻找反例. 捕捉观察中的“巧合”要靠熟能生巧,这是右脑的事情. 而靠减弱或强化定理条件提出的猜测,要更多地依赖左脑. 至于想象和直觉在数学猜测中的作用,几乎是完全的右脑思维作用. 逆向思维是与左脑思维密切相关的,其中也有右脑思维的参与. 总之,进入数学猜测这个领域之后,右脑思维的作用已大大增强了. 进一步考察数学与想象和直觉的关系,将会发现右脑思维在数学认识活动中更为丰富而深刻的作用,更加体会到左右脑配合对于数学发展的重要意义.

---

①　转引自朱梧槚:《几何基础与数学基础》. 辽宁教育出版社,1987 年,第 25 页.

②　康斯坦西·瑞德:《希尔伯特》,第 100 页.

五　数学与想象

5.1　数学与形象思维

人们常说数学是高度抽象的科学,抽象性被看作数学的本质特征.那么,数学与形象思维会有什么关系呢? 讨论这个问题有什么意义呢? 仔细考察数学认识活动的具体过程,会发现形象思维在数学中实际起着很大的作用.数学中的形象思维激励着人们的想象力和创造性,常常导致重要的数学发现.

数学中的形象思维可以分为几个不同层次.

第一个层次是几何思维,这是最直接的形象思维.几何学以各种平面和空间图形为研究对象.这些图形虽然已经经过抽象思维的初步加工,具有一定程度的理想化性质,但其具体和直观的特点仍很鲜明.人们看到几何图形,就可以直接联想到现实事物的各种形状,并从几何思维中体会到具体和抽象的基本关系,了解数学抽象化形式化的特点,积累初步的数学经验.法国数学家 R. 托姆曾经指出:"由日常思维过渡到形式思维,中间最自然的方式就是通过几何思维了.人类思维的历史就是如此. Haeckel的生物发生律说:个体的发展,循序经历该物种的所有进化阶段.对那些相信这条定律的人来说,理性思维的正常发展理应相同[①]."托姆讲这段话,主要是为了批评那些搞"新数学"的人忽视甚至打算取消初等几何课程的做法.他的批评是很有道理的.事实上,由于"新数学"课程对几何思维的忽视,结果使学生们的抽象思维能力缺乏一个发展的根基,出现了"欲速则不达"的效果.这从反面反映出几何思维在数学认识活动中的必要性.

---

① R. Thom:《"新"数学是教育和哲学上的错误吗?》,《数学译林》,1980 年第 2 期.

　　第二个层次是类几何思维.我们这里指的是可以借助几何空间关系进行想象的较为间接的形象思维.它们不具备几何思维那样具体和直观的明显效果,但可以形成和几何思维类似的比较朦胧的形象.比如,非欧几何的空间关系、高维空间关系、泛函空间关系,等等,都可以运用类几何思维进行想象和思考.在这些空间中,可以在不同的意义上类似地定义"点""直线""平面"等概念,运用通常的欧氏几何的方法,从而使几何思维中积累的经验推广到更为广泛的领域.类几何思维是直观的几何思维的变形.它需要一定程度的抽象性,需要适当摆脱感性直观的局限性.有些时候,为了准确把握抽象几何空间的特性,甚至需要采取一些看来很极端的做法,以防止感性直观的干扰.通过解析几何的方法,把抽象几何空间问题转换成代数和分析中的问题,在防止感性直观干扰方面是卓有成效的.但过分强调这一方面的性质,有时会束缚类几何思维的发展.因此,需要把类几何思维的几何方面与代数、分析方面恰当地结合起来,使它们形成相互促进的关系.

　　类几何思维在数学发展中经常起很重要的作用,它是几何学与其他数学分支在思想方法上相互渗透的中间环节.非欧几何在欧氏几何中模型的发现,就是借助了类几何思维的力量.F.克莱因、庞加莱和贝尔特拉米等人利用一些巧妙的约定,把非欧几何中那些违背感性直观的空间关系,想象成欧氏几何中的普通事实,从而完成了非欧几何的相对相容性证明.这个过程有时被人们称为"翻译",其实它同寻常意义上的翻译含义并不相同.翻译需要保留意义而变换语言形式,这里却是对意义作不同的阐释,而几何关系形式在很大程度上却保留下来了.

　　数学中形象思维的第三个层次,是所谓数觉,即对各种数量关系的形象化的感觉.这种感觉更为抽象,更为朦胧,在很多时候已进入了有神秘色彩的直觉领域.但它可以使人们有效地把握各种数学量之间的有机联系,辨认出其中的重要性质,把数学方法从一个领域过渡到另一个领域.比如,为了从直观上掌握自然数序列的整体性概念,可以设想在坐标轴上一个动点从坐标 1 处向原点 0 移动,而当动点达到 0 时,也就通过了无穷点集(数集)

$$\left\{1, \frac{1}{2}, \frac{1}{3}, \cdots \frac{1}{n}, \cdots\right\}$$

中的一切点. 又因为 $\frac{1}{n}$ 与自然数 n 作成一一对应, 所以一切自然数这

个概念也就确定下来, 这样就获得了关于自然数集的形象化的感觉.

希尔伯特曾指出:"要获得科学的认识, 某些直观的想象和判断力是不

可缺少的先决条件, 单凭逻辑是不够的[①]."这一论述充分表示了形象

的数觉在数学发展中的作用.

数觉的丰富和敏感程度是数学家思维能力的标志之一. 有些数学

家往往凭借数觉想象出普通人很难发现的数学联系. 印度数学家

S. 拉马努金(S. Ramanujan)就是这方面的天才. 他出生在印度马德拉

斯的一个贫穷的婆罗门家庭中, 依靠自学掌握了相当专门的数学知

识, 并猜出了一些相当重要的数论定理. 据说他的老师、英国数学家哈

代有一次乘车去看他, 汽车的牌号是 1729. 拉马努金想了一下马上

说, 这是能用两种方法表示为两个整数的立方的和的最小整

数($1\,729 = 1^3 + 12^3 = 9^3 + 10^3$)[②].

数学中形象思维的第四个层次, 是数学观念的直觉. 这是对各种

数学观念的性质、相互联系以及重新组合过程的形象化感觉, 它完全

是数学的直觉, 虽然很难用逻辑语言完全叙述清楚, 但在数学的创造

性思维活动中明显存在并发挥着作用. 庞加莱曾对这种观念直觉作过

生动描述. 他把存在于人脑中的种种数学思想或概念叫作"观念原

子". 它们都是一群原来挂在墙上的带钩子的原子. 在开动脑子机器

后, 成群的观念原子在空中翩翩起舞, 原子间的相互组合将能产生新

的观念原子, 但是组合形式是无穷无尽的. 只有通过某种美妙的选择

形成的组合才能产生出极为有用的新观念原子, 即形成数学上有用的

新思想或新概念. 庞加莱曾说:"我的比喻是很粗糙的, 但是我不知道

如何用其他方法使我的思想得以理解[③]."的确, 数学观念的直觉是难

以用日常语言的比喻表述明白的. 但是要使这种复杂的形象思维为人

们所理解, 适当的比喻还是必要的. 数学中的创造性思维实质上就是

数学"观念原子"巧妙的重新组合. 这个过程带有一定偶然性, 恰当的

① D. 希尔伯特:《论无限》,《外国自然科学哲学摘译》, 1975 年第 2 期.

② 李学数:《数学和数学家的故事》, 香港 1980 年出版, 第 46 页.

③ 庞加莱:《科学的价值》, 光明日报出版社, 1988 年, 第 385 页.

新组合也许要在许许多多次可能的偶然组合之后才选择出来.组合与选择的动力来自丰富的想象,依赖于对数学观念组合规律的深刻的认识.

从上面几个层次可以看出,形象思维在数学认识活动中是广泛存在的,而且表现为多种形式,由具体到抽象不断演化.同一般的形象思维一样,数学中的形象思维也是人的右脑功能.右脑的发达能够促进数学中形象思维能力的发展,提高人们的创造力,有助于获得重要的科学发现.著名物理学家爱因斯坦和玻尔小时候有一个共同的特点,就是口语和书面语能力发展迟缓,远远落后于普通人的平均水平,曾被人们认为是智力低下的表现.然而,这却使他们的右脑有机会得到更大的发展,在形象思维能力和深度上远远超过普通人.他们的头脑中形成了语言符号的特殊系统,他们的创造力始终没有受到左脑主管的语言思维和传统合理思维的压抑和干扰,这最终使他们在科学上获得辉煌成就[1].

5.2 数学想象的类型和作用

在数学认识活动中,获得和运用形象思维的过程就是数学想象的过程.从生理角度来看,数学想象大致可分为视觉想象、听觉想象和触觉想象三种基本类型.每一类型又包含若干不同方面,各有其独特的作用.

视觉想象是人们比较熟悉的想象活动.特别是对欧氏几何图形的想象,每个有初等数学知识的人都会有深切的体验.几何图形视觉想象中比较困难的部分,是几何解题过程中对"辅助线"的识别和使用.辅助线是要靠想象来添加的.人们必须在头脑中想象出它的存在,并思索它同已知条件和求解目标之间的联系是否有利用价值.这是带有很大偶然性的事情.想象力是否丰富在于能否"看出"纸上没有而实际上应该有的线段或其他几何元素.这在一定程度上取决于经验和技巧.

在类几何思维中,视觉想象需要借助于逻辑思维填补直观上的缺憾,才能形成较为完整的图像.罗巴切夫斯基对非欧几何空间的想象

---

① 谢尔盖耶夫:《智慧的探索》,第 226-227 页.

就具有这种性质.他把非欧几何称为"想象几何",认为"在观测不足的
情况下,应当凭理智设想,想象几何可适用于被观测到的世界之外以
及分子引力范围之内①."与此类似的还有拓扑学的视觉想象.虽然拓
扑学最初被称为"橡皮几何学",具有较多的直观性质.但后来人们发
现,许多拓扑学性质是难以用感性直观来把握的.比如三维欧氏空间
中做不出的"克莱因瓶""米尔诺(Milnor)怪球"等,其性质远远超出通
常感观所能理解的范围.但数学家仍需要从视觉角度想象和处理它
们.这种想象显然包含很多逻辑推断的成分.

　　更为复杂的形象思维中的视觉想象,也采取了更为复杂的形态.
法国数学家阿达玛(J. S. Hadamard)就曾把习题编译成不定形式的点
和空白系统,然后,采用这些符号及它们之间的距离和自由空间.只是
到研究的最后阶段,才开始使用数学符号.而在准备把发现公布于世
的过程中,就把视觉形象译为语言.庞加莱对于数学中"观念原子"的
形态和组合过程的描述,也是一种视觉想象.

　　听觉想象是数学想象中更为玄妙的类型.美国数学家乌拉姆
(S. Ulam)在介绍杰出数学家冯·诺伊曼的思想特点时说:"他所具有
的基础直觉看来属于罕见的类型,它恰和'朴素'的直觉一样,能导出
新的定理和证明.假如你一定要把数学家分成两类(如庞加莱建议过
的)——有视觉直观和有听觉直观的——那么约翰尼(冯·诺伊曼的
爱称)也许属于后者.然而,他的'听觉直观'大概是非常抽象的②."至
于冯·诺伊曼的"听觉直观"的具体内容是什么,乌拉姆未加详细说
明.这显然还是一个值得深入探讨的问题.

　　数学想象中最玄妙的类型,可能要数触觉想象.它的具体性质还
很难说清楚,但它的重要性越来越引起数学家的注意.有些学者认为,
触觉想象有可能是三维以上几何空间的形象思维.美国数学家
H.韦伊说:"从心理学角度看,真正的几何直观也许是永远不可能弄
明白的.以前它主要意味着三维空间中的形象的了解力.现在高维空
间已经把比较初等的问题基本上都排除了,形象的了解力至多只能是

① 转引自解恩泽、赵树智:《数学思想方法纵横论》,科学出版社,1987 年,第 70 页.
② 《数学史译文集》,第 91 页.

部分的或象征性的. 某种程度的触觉的想象也似乎牵涉进来了①."
P.J. 戴维斯和 R. 赫西曾介绍过四维直觉与触觉的关系. 在美国布朗大学,数学家 T. 班乔夫(T. Banchoff)和计算机科学家斯特劳斯(C. Strauss)设计出在三维空间内外移动的四维超立方体的计算机生成的运动图像. 人们坐在计算机控制台前,使用一组按钮,可以获得各种角度的超立方体的三维投影. 有三个按钮可以使人们在四维空间的任何一组轴向上转动一个四维图形,这时在屏幕上看到的三维图形将是四维图形旋转穿越我们的三维空间时遇到的情景. 另一个按钮使人们利用这个三维切片,让它在三维空间中随意转动. 还有一个按钮可以使人们放大或缩小这个影像,其效果是使观察者感到似乎从影像中飞出来,或者飞向并实际上进入屏幕中的影像(这实际上相当于一种特技摄影). 仅仅是看这种图像,对四维超立方体是产生不了直观感觉的. 然而当边看边操纵控制按钮时,奇特的感觉就产生了. 超立方体一跃成为显而可见的实体. 操纵者在操纵按钮时,从指尖上感受到改变所看到的东西并再变回去的力量. 计算机控制台上的积极控制创造了触觉(或者说动觉)和视觉思维的统一体,使超立方体进入了直观上可以理解的水平.

图 11　　　　　　　　　　　　　　图 12

(这是从几个角度观察复指数函数,一个四维对象,

所获得的图像. 由班乔夫和斯特劳斯作出)

　　P.J. 戴维斯和 R. 赫西认为,上述四维直觉的获得,揭示了研究数学直觉的一个新的方面. 或许要通过视觉的(被动观察)和动觉的(主动操作)实验弄清其作用. 看来,在四维和三维之间很难说原则上真有差别. 我们能够发展关于四维想象事物的直觉. 一旦这样做了,它似乎

---

① 　陈省身:《从三角形到流形》,《自然杂志》1979 年第 8 期.

不会比像平面曲线或空间曲面那样"真实"的事物有更多的想象成分.
这些完全理想化的对象是能够从视觉(直觉)和逻辑上都掌握的①. 关
于数学直觉的问题,我们后面还要专门论述. 这里只强调指出,触觉的
想象看来在发展三维以上形象思维方面,是必不可少的.

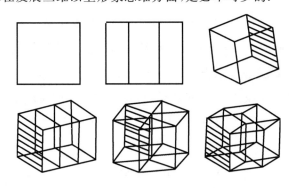

图 13

(从一般的计算机图像系统中选取的,实时显示四维的"框架"对象的

超立方体的六个角度,由班乔夫和斯特劳斯作出)

数学想象的上述基本类型,有时很难严格分开. 有许多数学家可
能兼有几种想象能力,而在不同时候、不同问题上各有侧重. 阿达玛在
写作《数学发明创造的心理学》一书时,曾调查过一些著名的数学家和
科学家在工作时实际上是如何思考的. 他写道:"实际上他们所有的人
……不仅回避使用理性的语言,也回避使用代数的或精确的符号……
他们使用丰富的想象."关于数学家的想象,他收到的答案大多数说是
视觉的,也有人是另一种类型,比如说动觉的. 阿达玛把这种想象称为
有意识的数学思考过程中的潜意识流,认为这种事情尽管非常难于描
述和提供证明,但它确实存在. 爱因斯坦给阿达玛的回信比较全面地
回答了关于数学领域的创造心理的问题. 他的答复摘要如下:

"(A)写下来的词句或说出来的语言在我的思维机制里似乎不起
任何作用. 那些似乎可用来作为思维元素的心理实体,是一些能够'随
意地'使之再现并且结合起来的符号和多少有点清晰的印象.

当然,在那些元素和有关的逻辑概念之间有着某种联系. 也很清
楚,希望在最后得到逻辑上相联系的概念这一愿望,就是用上述元素
进行这种相当模糊活动的情绪上的基础. 但是从心理学的观点来看,

① P. J. Davis,R. Hersh:The Mathematical Experience,Chapter XⅢ.

在创造性思维同语词或其他可以与别人交往的符号的逻辑构造之间有任何联系之前,这种结合的活动似乎就是创造性思维的基本特征.

(B)对我来说,上述那些元素是视觉型的,也有一些是肌肉型的.只在第二阶段中,当上述联想活动充分建立起来并且能够随意出现的时候,才有必要费神地去寻求惯用的词或者其他符号.

(C)依照前面所说,对上述元素所进行的活动的目的,是要同某些正在探求的逻辑联系作类比.

(D)视觉的和动觉的.对我来说,在语词出现的阶段中,这些语词纯粹是听觉的,但它们只在上面已经提到的第二阶段中才参与进来."①

数学想象的各种基本类型在数学发展中都有十分重要的作用.我们前面说过,想象是数学猜测的一个重要来源,而数学猜测是导致数学发现的思想动力的基础.从这个意义上说,数学想象是数学认识活动中不可缺少的环节,是数学思维中的基本要素.爱因斯坦曾经说过:"想象力比知识更重要,因为知识是有限的,而想象力概括着世界上的一切,推动着进步,并且是知识进化的源泉.严格地说,想象力是科学研究中的实在因素②."美国数学家维纳也说:"就我而言,最有用的资质,乃是广泛持久的记忆力,以及犹如万花筒一般的自由的想象力.这种想象力本身或多或少会向我提供关于极其复杂的思维活动的一系列可能的观点③."数学史上的很多重大成就都是借助数学想象获得的.我们前面提到了非欧几何、高维空间理论、泛函分析等成果.还可以举出虚数、四元数、超限数、约当(Jordan)曲线等许许多多例子.一般说来,各种数学新观念产生的过程中,或多或少都有数学想象的作用.特别是在比较抽象的领域,由于没有现实的数量关系作为原型加以借鉴,更需要充分发挥想象力的作用,在头脑中构想出一个几乎全新的数学结构.想象力的特点就在于"神驰万里,思接千载",这里是人

① 《爱因斯坦文集》第一卷,商务印书馆,1976 年,第 416-417 页.

阿达玛的调查信中提出一系列问题.爱因斯坦复信中所提(A)(B)(C)相当于这样的问题:数学家所使用怎样的内在印象或精神印象,使用哪一种"内在语言";根据他们研究的课题,它们究竟是动觉的,听觉的,视觉的,还是混合的.(D)是关于通常思维的心理类型,而不是关于研究思维的.

② 《爱因斯坦文集》第一卷,第 284 页.
③ 《数学史译文集续集》,第 54 页.

的主观能动性和创造性大显才能的领域.有些时候,越是离奇古怪的想象越能导致极有价值的数学成果,这是由于通常的思维对于数学认识活动有很大局限性,束缚了数学发展的缘故.有些数学家曾经嘲笑过一些古怪想象,事实证明他们做了错事.英国数学家 J. 华利斯(J. Wallis)曾说:"长、宽、厚占有了整个空间;连幻想也不能想象在这个三元外还有一个第四个局部的维数①."他甚至在《代数》一书中把高维空间看成是"自然界里的怪物,它比希腊神话中狮头羊身蛇尾的或半人半马的妖怪还难以想象②."德国数学家库莫尔也嘲弄过四维几何的思想.但事过不久,四维空间理论就在数学界逐渐得到承认,后来又在爱因斯坦的相对论中成为重要数学工具.由此可见数学想象在数学和自然科学发展中何等重要!

5.3　数学想象的方法

数学想象是一个很难完全说清楚的过程.比较复杂的数学想象至今还带有许多神秘色彩,其中的内部规律和机制有待人们进一步深入探究.说到数学想象的方法,应该说是没有什么经验的方法或机械的方法可言的.这里只能提出进行数学想象所必需的基本要素,作为运用这种思维形式的参考.

大体上说,数学想象需要有以下几个基本要素:

第一,必要的知识基础.想象是对现实的超脱、升华、夸张、改组乃至扭曲和变形.想象力是需要有一个支撑点的,这个支撑点就是必要的知识基础.缺乏这个基础,想象的头脑就缺乏用来加工的原料,想象就是贫乏的,微弱的.数学想象的知识基础往往是多学科的不同知识的综合.因为较大的知识跨度才能为数学想象提供足够宽阔的场所,通过想象把表面上看来关系不大的理论成果联系起来,发现它们之间更为本质的联系.很多重要的数学想象是在数学家知识基础相当坚实和成熟后才提出来的.只依靠零星的知识就获得重要想象的概率几乎为零.高斯、罗巴切夫斯基、哈密尔顿、希尔伯特等人,大都是从解决一些技术性较强的具体问题入手,待有雄厚的知识基础之后才使自己的

---

① 　M. 克莱因:《古今数学思想》(第四册),第 102 页.
② 　同上.

想象力自由驰骋.数学想象是一门高超的艺术,它要在坚实的舞台上才得以施展,显露诱人的前景.

第二,较强的形象思维能力.数学的形象思维能力是长期训练的结果.它激励着人们的想象力.我们前面提到,数学形象思维能力由浅入深分为若干层次,不同层次的形象思维能力相应地决定了想象所及的范围和效果.我们仍以非欧几何的创立为例.实际上,意大利数学家G.萨开里(G. Saccheri)和德国数学家兰伯特(H. Lambert)早在17和18世纪就曾用反证法,试证欧氏几何第五公设,得到了与感性直观相矛盾而使人不可思议的结果.19世纪,德国数学家须外卡特(F. K. Schweikart)和塔乌里努斯(F. A. Taurinus)在获得与萨开里等人类似结果后,曾推测这些结果可能属于一种"星际几何".他们都达到了与高斯、罗巴切夫斯基和亚诺什·波约同样的起点上,却没有再进一步,失去了创立非欧几何的机会.为什么会这样呢? 因为这些人形象思维能力不够.他们习惯于通常的几何思维,却达不到适当的类几何思维的水平.他们无力想象一种新几何的全貌.

第三,适合的心理状态.数学想象需要何种心理状态,是因人而异的.有些人喜欢避免外界的干扰,静静地想问题,在沉思冥想中充分发挥想象力.另一些人则喜欢和别人讨论,在不同意见的争论中激励想象力,摆脱已有成见的束缚.美国数学家维纳说他的想象往往是在"受外界干扰最小的时刻进行得最好,而这往往又是在我睡眠初醒的时候;其实,很可能在夜间某个时刻,即已经历了对于建立我的思想所必需的澄清过程.我敢肯定,这种澄清过程至少有一部分是在人们通常称之为睡眠的状态中以梦的形式进行的,如果是处于等待入睡的所谓催眠状态,则可能进行得更为有效,这与所谓催眠意象(Hypnagogic Images)密切有关,这种催眠意象能使人们的幻觉得以加强,但又与幻觉不同,在一定程度上可以受人们主观意识的支配[①]."维纳的这种心理状态当然不一定具有普遍性,但他力求避免外界干扰的特点是许多人都有的.至于在争论中激励想象力,在数学研究中也不少见.法国布尔巴基学派的集会曾被人们认为是"疯子的集会",因为这些数学家聚

---

① 《数学史译文集续集》,第55页.

在一起讨论问题时,常常激烈争吵,互相严厉指责,年龄相差 20 岁也不会降低批判和反驳的火力,而许多重要的新思想常常就从争吵中产生和发展起来.从现代发明创造学研究角度看,这种做法相当于集体的"头脑风暴法".所谓"头脑风暴",指的是积极开动大脑机器,驱使"观念原子"飞舞起来,并通过观念原子间的结合产生新思想或有用概念.头脑风暴常常出现在心理学上所谓的"烘热期",这是一种在脑海中迅猛地涌现出种种现象、联想、猜想、假设和非逻辑思维的心智活动形态.人脑思维运动的烘热期不能立即产生.个人的头脑风暴一般至少需要全神贯注地连续工作两三个小时才能逐步形成.采用小组集中思考问题的方法,形成集体的"头脑风暴",可以充分激励每个成员的想象力.一些测试表明,当集体进行联想的时候,成年人的"自由联想"可以提高 65%～93%.其原因除了小组成员的设想之间相互启发之外,成员之间的相互竞赛也使成年人或儿童的思维效率大为提高①.

　　第四,自由想象的思维习惯.这是需要经过长期思维训练,有了深刻体验之后,才能逐渐形成的.由于数学思维中有许多抽象化、形式化、公理化的内容,严格的推理和机械的演算较多,因此自由想象的思维习惯不大容易形成.有些数学家是在进入创造领域之后才注意发掘自己的想象力,也有些人始终缺乏自由想象的习惯,甚至嘲笑别人自由想象的成果.然而,在数学史上提出重大新观念的数学家,大都是有自由想象的思维习惯的.他们形成这种思维习惯的原因,部分来自数学之外的文化修养,特别是文学艺术方面的修养.因为文学艺术领域是想象力自由发挥的天地,形成自由想象的思维习惯比较容易.而文学艺术方面的思维习惯对于数学思维的形成和发展有深刻影响.18世纪法国数学家拉格朗日很早就认识到文学艺术修养对于数学思维能力的重要意义.他是柯西的父亲的朋友.在柯西小时候,拉格朗日就预见到柯西长大后必成大器,并劝柯西的父亲一定要让小柯西学好文学艺术课.所以柯西像拉格朗日一样具有深厚的文学艺术修养,他们在数学上都做出了许多极为漂亮的数学发现.像希尔伯特、冯·诺伊曼、爱因斯坦等人,在文学艺术上都有相当高的欣赏能力,这对于他们

①　A.F. 奥斯本著:《创造性想象》,中国发明创造者基金会、中国预测研究会,1985 年,第 75 页.

形成自由想象的习惯是极有作用的.巴赫、莫扎特和贝多芬的作品,熏陶了一代又一代富于想象力的德国和其他国家的数学家.美国现代数学家M.洛易甫在一部著名的大学教科书《概率论》的序言中告诫读者:"在数学中,也正如在各种体裁的诗歌中一样,读者从素质上必须是一个富于想象力的人才行[1]."可见,自由想象的习惯对于数学教育也是极为必要的.英国现代数学家布罗诺夫斯基在题为《想象的天地》的演讲中指出:"所有伟大的科学家都自由地运用他们的想象,并且听凭他们的想象得出一些狂妄的结论,而不叫喊'停止前进!'"[2]

还有必要指出,自由想象的思维习惯有时候会遭到某些消极因素的制约,需要有坚持下去的勇气和决心,才能得以保持和发展.有些时候,先入为主的观念或经验成为自由想象的障碍,自我气馁和自卑感也会抑制自由想象.有些人怕被别人说"像疯子一样",希望自己的思想与别人相同.当别人嘲笑他的自由想象产生的新观念时,他便取消了自己的想法.真正有价值的自由想象,初看起来很容易带有荒唐甚至狂妄的色彩.鉴别自由想象的价值的标准,不能只看周围人们的议论,更重要的是看这种想象是否合理,是否有科学性,是否经得起实践的检验.

数学想象的结果不一定都是有意义有价值的.在实际生活中,绝大多数想象都可能被事实否定,只有极少数想象最终显露出重大科学意义和价值.这个过程很类似"沙里淘金".我们不能因为最终淘出来的金子极稀少,就放弃淘金的努力,或否认淘掉大量沙子的劳动的价值.我们需要做的是保持顽强的毅力,并不断提高淘金的效率.在处理数学想象方面,一个关键的问题是及时发现并放弃无用的想象,把注意力转向更有意义更有希望的方面.阿达玛曾经说过,优秀的数学家经常犯错误,但能很快发现并纠正,他还说他本人就比他的学生犯错误更多.剑桥大学心理学教授巴特利特(F. Bartlett)在评论这一说法时提出:测定智力技能的唯一最佳标准可能是检测并摒弃谬误的速度[3].由此可见,数学想象既要自由发挥,又要随时估价,不能信马由

① 转引自起鑫珊:《科学·艺术·哲学断想》,三联书店,1985年,第407页.
② 转引自周昌忠编译:《创造心理学》,中国青年出版社,1983年,第213页.
③ W. I. B.贝弗里奇:《科学研究的艺术》,科学出版社,1979年,第63页.

缰.有些时候,思维过程中最初出现的想象可能是十分平凡的,显而易见的.当意识到这种情况之后,切不可由此失望,放弃进一步的努力.因为有希望的重要想象往往是在思维的最后阶段才出现的,有时是在"头脑风暴"持续到相当长一个时期之后才涌现出来.比如说,使头脑风暴持续两个小时或一个半小时,那么最后半小时可能出现寥寥无几的或极为罕见的新思想或新观念,可是它们却是较为深刻的甚至可能是有助于解决问题的思想或观念.

　　数学想象的过程主要是受自觉意识控制的.这一过程是循一定思路展开的,可以说是一个"渐悟"的过程.数学思维中还有另一类突如其来的不自觉就出现的"顿悟"类型,这就是通常所说的"灵感",它属于直觉思维的范围.数学想象与数学直觉之间的界限有时很难划分清楚,较为复杂的想象就已具备很多直觉色彩.进一步讨论数学直觉的思维特点和规律性,有助于对数学想象的更深入理解.这就是我们下面即要阐述的问题.

六 数学与直觉

6.1 数学与直觉思维

"直觉"（Intuition）一词实际上有许多种用法. 有时它指感性直观，即可见的，靠感官可直接把握的东西；有时它指非逻辑的，力图直接领悟事物本质的思考. 直觉有时意味着不够严格，不完全；有时意味着对现实原型的信赖，意味着一种笼统的、综合性的整体判断. 还有些时候，直觉只是被理解为"顿悟"，理解为灵感的闪现. 这个词的用法如此之多，以至于我们不得不明确指出我们的理解.

在这里，我们认为直觉指的是对事物本质的直接领悟或洞察. 数学直觉就是对于数学对象事物（结构及其联系）的某种直接领悟或洞察. 这是一种不包含普通逻辑推理过程（但可能包含着"含情推理"形式）的直接悟性，属于非形式逻辑的思维活动范畴. 直觉有时以"顿悟"的形式表现出来，但直觉不全是顿悟，有时直觉也以渐悟的形式表现出来. 那么，"直觉"和我们前面讨论的"想象"有何区别呢？为什么说较为复杂的想象已进入了直觉领域呢？这就需要考察直觉思维的基本特点，从中看出这种思维形式与数学想象和数学猜测的区别与联系.

数学直觉思维总的说来有以下几个基本特点：

第一，非逻辑性. 数学直觉的产生是不能用普通形式逻辑的推演解释清楚的. 庞加莱说："搞算术，就如搞几何，或搞任何别的科学，需要某种与纯逻辑不同的东西. 为了表述这个某种东西，我们没有更好的字眼，只能用'直觉'一词."就是说，直觉是"从事科学发现所需要的与纯逻辑不同的某种东西"①. 为什么科学发现需要这种不同于纯逻辑的东西呢？因为在探索未知世界规律的过程中,人们的主观认识同客观规律之间需要经过多次带有很大偶然性的相互作用才能彼此相符,这中间有机遇,有潜在的经验和技巧,有来自书本上或和别人谈话中的启示,有思维过程中"观念原子"千变万化的分离与组合. 所有这些都不是用严格的形式逻辑推演能表达清楚的. 能够用逻辑语言描述的数学思维活动,只是整个数学思维活动中很小的一部分. 数学的猜测和想象实际上已经具有一定程度的非逻辑性,但总还保存某些逻辑思维成分. 猜测和想象的形成与展开要部分借助逻辑思维提供的线索或框架. 如果数学思维中非逻辑性极强,逻辑思维成分极弱,那就是我们所说的直觉思维了. 我们前面说过,数学形象思维中的数觉和数学观念的直觉已进入直觉思维领域,就是这个意思. 越是复杂的数学想象,越少逻辑性. 在逻辑语言无能为力的地方,只能以"直觉"一言以蔽之. 直觉看来很神秘,其实它不是人们创造性思维活动的一个真实方面.

第二,自发性. 数学直觉的产生往往是下意识的(或者说是无意识的). 它有时在朦胧中逐渐涌现,有时如闪电一般突然诞生. 无论取渐悟还是顿悟的形式,都是事先未曾料到,不知不觉之中即已获得. 英国数学家哈密尔顿在回忆自己发现四元数的经过时说道,当他和他的妻子步行去都柏林途中来到勃洛翰桥上时,思想的电路突然接通了,从中落下的火花就是 i、j、k 之间的基本方程②. 庞加莱也曾有过类似经历. 他在进行了一般数学研究之后去乡间旅行,打算放松一下,不再去想工作了. 他说:"我的脚刚踏上刹车板,突然想到一种设想……我用来定义富克斯函数的变换方法同非欧几何的变换方法是完全一样的③."这种突如其来的直觉并不是凭空得来的,而是经过长时间苦心思索之后的产物. 人们常称这种直觉为"灵感",其实,"灵感"是需要经过充分酝酿的,是要经过下意识的紧张活动积累起思想基础的,否则就不会有什么灵气. 为什么人们长期钻研而求之不得,一旦思想放松

① 转引自郑毓信:《数学方法论入门》,浙江教育出版社,1985 年,第 117 页.
② M. 克莱因:《古今数学思想》第四册,第 177 页.
③ 《科学家论方法》第二辑,内蒙古人民出版社,1985 年,第 264 页.

转入下意识状态,反而以直觉形式取得突破呢?因为过度的形式逻辑推演往往是限制人们思路的,使人们在旧理论的框架里兜圈子,找不到新思路.适当的放松使思路可以轻松自由地舒展.虽然是在下意识状态,却容易接近正确的途径,取得重大突破.当然,直觉的自发性要同逻辑思维的自觉性相配合.如果事先没有通过逻辑思维接近关键性观念的边缘,使人们有可能利用下意识取得突破,那么灵感或顿悟是永远不会出现的.

第三,富于情感的作用.这里所说的情感作用,指的是获得直觉的激情和对直觉的强烈信念.在数学猜测与数学想象中,或多或少也有情感的作用.但在直觉思维过程中,情感作用得到了充分发挥,达到登峰造极的地步.一般说来,直觉的产生前后大体上有这样一些情感变化.直觉产生之前,情绪躁动不安,对某个问题长时间思索而得不到解决,欲罢不能,欲进无路,就很容易产生这种情绪.等到直觉出现时,令人十分惊喜,甚至感到有些意识恍惚,仿佛"山重水复疑无路,柳暗花明又一村",有一种明显的解脱感.然后,就是情绪极度高涨,对所获得的直觉认识执着地相信,并以此为基础连续工作很长时间毫无倦意.爱因斯坦就曾叙述过自己的这种心态.他说到获得灵感后撰写相对论的第一篇论文时说:"这几个星期里,我在自己身上观察到各种精神失常现象.我好像处在狂态里一样[1]."他还说:"在最后突破、豁然开朗之前,那在黑暗中对感觉到了却又不能表达出来的真理进行探索的年月,那强烈的愿望,以及那种时而充满信心,时而担忧疑虑的心情——所有这一切,只有亲身经历过的人才能体会."[2]

数学直觉思维的上述特点,在较为复杂的数学想象中都有所表现.因此,在许多场合,数学家往往把二者混用.也有人认为形象思维本身就是数学直觉思维的一个特点.就数学直觉的渐悟形式来说,这个特点是明显的.但就数学直觉的顿悟形式(或者说"灵感")而言,很难说有一个较明显的形象思维过程.因为顿悟是瞬间发生的,是一种思想上的飞跃.其中是否曾有形象思维的作用,至少现在还弄不清楚.这是一个有待深入研究的问题.

---

① 转引自傅世侠:《创造》,辽宁人民出版社,1985年,第108,105页.
② 同上.

还有些人以为,直觉思维是一种非理性的思维活动,非理性也可看作数学直觉思维的一个特点.这种观点是不妥的.尽管数学直觉具有非逻辑性、自发性和情感作用等特点,但它并不是完全无规律可循的.数学家通过长期的实践,已逐渐形成获得数学直觉的若干指导性原则,如简单性、统一性、对称性、美学标准等,其具体内容我们后面还要专门分析.这些原则都是可以从科学认识过程的合理性角度加以阐述的,它们在更深的理论层次上反映了数学的一些基本特性,反映了数学各分支之间本质上的有机联系.数学直觉是在这些原则的指导下,通过自觉或不自觉的思维过程逐渐产生的.因而它们并不是非理性的、不可解释的神秘的东西.在某种意义上倒可以说,直觉思维包含辩证思维的某些因素,它超越了形式逻辑推演的框架,不自觉地运用了辩证逻辑的推理模式,从而导致了一些重要的科学发现.当然,直觉思维还不等于辩证思维.但是在直觉思维的深层结构和活动过程中,有可能蕴藏着远远超出目前人们对辩证逻辑所了解的内容.这是一个很值得继续发掘的宝库.

6.2　数学直觉的类型和作用

数学直觉的类型可以从不同角度划分.从数学直觉在数学认识活动中作用的角度出发,可以把它划分为辨识直觉、关联直觉和审美直觉这三种类型.辨识直觉解决的是一个新想法是否有价值,是否值得去展开的问题.关联直觉解决的是不同知识领域之间,包括已知知识和未知领域之间内在联系的问题.审美直觉解决的是新想法是否符合数学美的要求的问题.审美的问题比较复杂,我们将在后面的第四节专门讨论.这里着重分析辨识直觉和关联直觉的内容及其作用.

数学家 H. 汉克尔(H. Hankel)说:"可以说存在一种科学的机敏,它指导数学家从事研究,保护他们不致在无科学价值的问题和艰涩难解的领地上耗费精力.这种机敏跟美学的机敏有密切关系.它是我们这门科学中唯一无法言传身教的东西,但又是每个数学家必不可少的才能[1]."他所说的"科学的机敏"即辨识直觉.在数学研究中经常有这样的情况,人们面临着几种可能的思路,究竟先选择哪个思路,放弃或

① 《数学译林》,1987 年第 2 期,第 111 页.

暂时搁置哪个思路呢？单凭逻辑思维解决不了这样的问题,必须求助于辨识直觉.许多大数学家都有这方面的直觉才能.希尔伯特在把数论中的二次互反律推广到代数数域的过程中,就利用了这种直觉.他事先就十分清楚地猜测到高于二次的互反律应该是什么样子,虽然他并没有能在所有情形下证明他的猜测.对直觉的坚定信念使他一直走下去,直到提出著名的类域理论.《希尔伯特》一书作者康斯坦西·瑞德评论道:"数学直觉的准确性在这里表现得如此明显,这在希尔伯特的工作中是绝无仅有的①."印度数学家拉马努金的非凡直觉能力也属于这种类型.他凭直觉猜出了很多数论定理.他还随时在笔记本上写下凭直觉获得的数学公式,一般都不给出严格证明.我们前面提到过比利时数学家德林证明韦伊猜想的事情.据说德林的有些想法就可能来源于拉马努金观点的启示.哈代曾说过,对于欧洲来说,拉马努金的思想方法代表不同的流派,他那种原发的巧妙想法源源不断地流出.哈代所指的是古印度数学擅长归纳和直觉的传统②.实际上,依赖直觉是大多数数学家都有的才能,只不过拉马努金在某一方面表现得比较突出罢了.庞加莱认为:"逻辑可以告诉我们走这条路或那条路保证不遇到任何障碍,但是它不能告诉我们哪一条道路能引导我们到达目的地.为此,必须从远处瞭望目标,教导我们瞭望的本领是直觉.没有直觉,数学家就会像这样一个作家:他只是按语法写诗,但是却毫无思想③."

庞加莱还谈过关联直觉的思想特征.他关于"观念原子"组合的描述就是关联直觉类型的.关联直觉有助于在原来认为不相同或无关的两个事物或更多事物之间觉察到同一性,这样就为类比型的猜测提供了根据.关联直觉包括序的直觉、相似性直觉、相关性直觉、数量关系的直觉、映射关系的直觉、连续性直觉、对称性直觉等内容.在数学史上,不少解决问题的方法和途径是通过关联直觉发现的.例如微分方程与差分方程、积分与级数、线性积分方程与线性代数,以及一般意义上连续与离散之间的类比联想,都是关联直觉的产物.1619年,法国

---

① 康斯坦西·瑞德:《希尔伯特》,第 71 页.
② 张奠宙、赵斌:《二十世纪数学史话》,知识出版社,1984 年,第 22-23 页.
③ 转引自孝醒民:《庞加莱科学方法论的特色》,《哲学研究》1984 年第 5 期.

大数学家笛卡儿在多瑙河畔的诺伊堡军营服役时,整天沉迷在思考之中,探索几何与代数的本质联系.11 月 10 日晚,他心中极为兴奋,为的是"发现了一种不可思议的科学的基础".这一夜他接连做噩梦,头脑始终不能平静.笛卡儿写道:"第二天,我开始懂得这惊人发现的基本原理."这就是指他得到建立解析几何的线索①.显然,这是关联直觉的产物.与此类似,阿达玛引用过高斯的一段经历.高斯写过关于他求证数年而未解的一个问题:"终于在两天以前我成功了……像闪电一样,谜一下解开了.我自己也说不清楚是什么导线把我原先的知识和使我成功的东西连接了起来②."庞加莱在考虑三元二次型算术变换问题时,百思不得其解,于是到海边散步,想些完全不相干的事情.他回忆说:"一天,在山岩上散步的时候,我突然想到,而且想得又是那样简洁、突然和直截了当:不定三元二次型的算术变换和非欧几何的变换方法完全一样③."这些都是关联直觉起作用的典型例子.

我们前面提到,逻辑思维、形式化、公理化等因素在数学认识活动中各有其重要作用.同这些因素相比,直觉思维在数学认识活动中占有怎样一个地位呢? 许多数学家都曾指出,直觉在数学的发现和发明中占有优势地位,起着其他因素无法替代的独特作用.美国数学家M.克莱因说过:"数学不是依靠在逻辑上,而是依靠在正确的直觉上."他援引阿达玛的话:严密仅仅是批准直觉的战利品④.美国数学家 R.库朗说:"直觉,这种难以捉摸和充满活力的力量,始终在创造性的数学中起作用,甚至推动和引导最抽象的思维过程⑤."美国学者T.丹齐克通过复数概念的进化过程来说明直觉的作用.16 世纪以前,印度和阿拉伯的数学家已在初等代数运算中接触到负数平方根的问题,但认为毫无意义而放弃了.1545 年,意大利数学家卡丹(Cardan)第一次用一个记号来表示这种无意义的东西.在涉及三次方程根的卡丹公式中,出现了被当作名正言顺的数来使用的虚数.这种做法没有逻辑上的充分保证,而且虚数当时又找不到现实原型,不能赋予任何

① 转引自梁宗巨:《世界数学史简编》,辽宁人民出版社,1980 年,第 196 页.
② 转引自 W. I. B.贝弗里奇:《科学研究的艺术》,第 75 页.
③ 转引自 W. I. B.贝弗里奇:《科学研究的艺术》,第 74-75 页.
④ M.克莱因:《古今数学思想》(第四册),第 99 页.
⑤ 《数学史译文集续集》,第 87 页.

现实意义.对虚数的承认和使用完全是依赖数学直觉的.高斯在 1831 年曾经写道:"虚量……因为它与实量相反——却还是更多地被看作姑且受用而不那么十分自然之物.它更像是一种空洞无物的符号游戏,即使那些承认它的伟大贡献的人,明白由于这种符号游戏而对实数关系的宝库做出如此伟大贡献的人,也还是毫不犹豫地否认其有可想象的物质基础……著者多少年来就从另一个观点来看待这个数学中的极重要的部门,著者以为虚数也和负数一样,可以赋予同样的客观存在性,但是直到现在都不曾有发表这个观点的机会."高斯所说的虚数的客观存在性,指的是复数概念在近代代数、几何和分析学中的重要应用.这种应用导致了复变函数论、射影几何、绝对微分几何等新领域的开拓.复数概念的演化在几个世纪里表现为一种理性和想象之间的某种神秘结合,数学家是凭直觉摸索前进的.莱布尼茨甚至把虚数看成是"圣灵的超凡的启示".T.丹齐克在回顾这一段历史后指出:"数学的历史……显示了数学的进展常常是极不规则的,而且直觉在数学中担当着主要的角色.在中间地带尚未开发之前,有时甚至开发者尚未意识到有中间地带的存在之前,遥远的前哨地点就已经到达了.创造种种新形式乃是直觉的功能;逻辑只有接受或拒绝此等形式的权力,却未曾参与产生这些新形式的工作.审判官的判词总是姗姗来迟的,这期间,幼儿却要活下去,所以,他一方面要等待逻辑来批准其存在,另一方面却已经在成长壮大了①."

说到这里,人们可能以为,上述观点是不是把直觉的作用抬得太高了? 如果说数学发展要完全依赖直觉的引导,理论思维的合理性又如何体现呢? 在自然科学和社会科学研究中,一般的过程是从感性认识发展到理性认识,从经验发展到理论.而在数学研究中,认识活动许多时候直接从直觉开始,而且似乎一下子就获得了所需要的认识成果.看起来,这种特征与一般的认识规律是大相径庭的.其实,数学直觉的作用过程总体上说并不违背一般的认识规律,只不过是它的表现形式有些特殊.由于数学研究对象和方法都有高度抽象性,距离感性直观的世界较远,所以在数学认识过程中感性因素不多,很难直接套

---

① T.丹齐克:《数——科学的语言》,第 150-171 页.

用从感性认识发展到理性认识的模式.但是这并不等于说,数学认识过程中不存在某种类似"感觉"的东西.这种抽象的特殊"感觉"就是我们所说的直觉.法国数学家 J. 狄多涅指出:"这些富于创造性的科学家与众不同的地方,在于他们对所研究的对象有一个活生生的构想和深刻的了解.这种构想和了解结合起来,就是所谓'直觉',这里所指的意思与日常语言中惯用的意思没有共通之处,因为它适用的对象,一般说来,在我们的感官世界中是看不见的①."他又说:"事实上,数学家的'直觉'由于长期的习惯往往比感官直觉得出的概念内容要丰富,这就产生出一种奇怪的现象,即由感官直觉转移到完全抽象的对象上……许多数学家似乎从其中发现了他们研究工作的精确指南②."

还应该指出,直觉本身是分层次的,而这一点是由认识主体和客体两方面来决定的.从主体方面来看,由于数学直觉产生于已有的经验和知识素材,而经验有深度和广度上的差别,所以对于同一数学对象,不同认识主体可获得不同的直觉.有的层次较低,较为浅薄;有的层次较高,较为深刻.有经验的数学家可以通过直觉思维发现寻常人们看不到的东西.从客体方面看,由于数学对象本身有抽象度的层次之分,对不同层次的认识可获得不同层次的数学直觉,这也造成了数学直觉的层次性.因此,数学直觉并不是笼而统之的特殊"感觉".由于主客体的不断相互作用,数学直觉呈现很复杂的结构形态.数学直觉各层次之间的关系和转化途径也很复杂,需要专门加以研究.由数学直觉直接发展到理性认识的过程,也是一个有待深入研究的过程.但是这一点可以肯定,数学直觉的确在数学认识活动中存在,并且发挥着极其重要的作用.数学直觉提供数学认识活动的生动素材,供逻辑思维加工,形成思想成果,扩大人们的认识领域,如此循环往复不断深入,就使整个数学理论体系不断发展壮大,呈现勃勃生机.

6.3 数学直觉的方法

由于数学直觉具有非逻辑性、自发性和富于情感作用等特点,因而同样不存在什么经验的方法或机械的方法可言.在这一点上,它同

---

① J. A. Dieudonne:《我们应该讲授'新'数学吗?》,《数学译林》,1980 年第 3 期.
② J. 丢东涅:《数学家与数学发展》,《科学与哲学》,1979 年第 5 期.

数学想象是类似的.因而我们也只能给出获得数学直觉的若干指导性原则.数学家在工作时一般并不把这些原则作为教条机械地加以使用,而是通过长期实践潜移默化地形成各种不自觉地、但却准确灵活地使用这些规则的思维模式.这些原则是在灵活运用中发挥作用的.

获得数学直觉的指导性原则主要有以下几点:

第一,简单性原则.

冯·诺伊曼指出:"人们要求一个数学定理或数学理论,不仅能用简单和优美的方法对大量的先天彼此毫无联系的个别情况加以描述,并进行分类,而且也期望它在'建筑'结构上'优美'……如果推演是冗长或复杂的话,那么就应该用某种简单的一般原理,用以'说明'各种复杂和曲折的情况,把明显的武断化为少数几条简单的指导性的推动因素,等等[1]."在自然科学研究领域,物理规律数学形式的简单性常常成为科学研究的一个重要指南.爱因斯坦自称是"到数学的简单性中去寻找真理的唯一可靠源泉的人[2]."他说:"逻辑简单的东西,当然不一定就是物理上真实的东西.但是,物理上真实的东西一定是逻辑上简单的东西,也就是说,它在基础上具有统一性[3]."为什么数学的简单性常常和真实性联系在一起呢?从认识论角度看,由于数学思维带有很强的主体性特征,认识上的复杂化很多时候是人为造成的.因为人的认识总要从个别的、局部的、表面的事物开始,但又不自觉地把这些东西作为认识的逻辑起点,这与客观事物本来的逻辑关系是相矛盾的.这种矛盾决定了人的认识开始免不了不必要的复杂化,抓住了一些重复的、琐碎的、枝节的东西,以后逐渐接近客观事物的本来面目.这个过程就是揭示简单性的过程.当然,片面追求简单性,把它绝对化,也是会造成谬误的.

第二,统一性原则.

统一性主要是指数学各部分内容之间的有机联系.希尔伯特特别看重这种有机联系,认为这是数学生命力之所在.数学的统一性表现为各种数学结构之间的调和一致,各种数学方法的融会贯通,各个数

① 转引自郑毓信:《数学方法论入门》,第98-99页.
② 《爱因斯坦文集》,第380页,第212-213页.
③ 同上.

学分支之间的相互渗透、相互促进,等等.数学的统一性的追求导致很多重要的数学成果,如"埃尔朗根纲领"、元数学研究、布尔巴基学派的工作以及现代数学中一些交叉分支的出现,如非标准分析、微分拓扑、突变理论等.统一性之所以能常常和真实性联系在一起,是由于数学世界本来就是一个有机的整体.我们前面说过,人们经常使用的分析方法,总是要把完整的东西分解为不同片断、侧面、环节.这种分解本身会使人们忽略某些重要的相互联系.数学思维的发展会逐渐弥补这一缺陷,于是导致对统一性的追求,其实质也正是恢复客观事物的本来面目.

第三,对称性原则.

这里所说的对称,不仅是指几何图形的对称,也包括各种数学概念和定理之间的对称,如笛沙格定理、解析几何、欧氏几何与非欧几何、精确数学与模糊数学等.从对称性的角度看,对称性的产生也是与分析方法的使用密切相关的.在数学认识发展过程中,每个环节都带有一定程度的分析性质,或者说从一个方面规定以后的认识内容;但从每个环节上揭示出来的事物内部联系又都带有一定程度的综合性质,即包含对某种与之相关的,但尚未意识到的另一类事物性质的认识.只要认识到已有的理论成果有更大的适用范围,那么只要适当变换研究对象的规定,已有的认识完全可以系统地、同构地转移到新领域中去.数学对纯粹数量关系的研究,使得这种转移变得极度简洁明了,这就表现为对称性.

德国数学家 H. 外尔曾就自然界和数学中种种对称现象做了深入研究和生动描述.他指出对称无非就是研究对象的一种自同构变换.他说:"每当你要与一个赋有结构的实体 Σ 打交道时,一定要设法确定出它的自同构变换群,即能保持所有结构关系不被扰乱的那些元素般(Element-wise)的变换的群.你可以预期,按这个路子会得到对 Σ 的构造的深入的洞见①."显然,研究对称性确实是获得直觉的一条重要思路.

第四,奇异性原则.

---

① H. 外尔:《对称》,商务印书馆,1986 年,第 104 页.

奇异性指的是研究对象不能用任何现成理论解释的特殊性质.奇异性与统一性、对称性相反,但它们各有自己独立存在的价值.在数学史上,只有不断发现数学对象的奇异性,才能有所突破,深入已有理论框架无法接触的未知世界.另一方面,只有不断把发现了的数学对象的奇异性统一起来,考察其种种对称现象,数学理论才会形成完整的理论体系.这两种趋势是相互依存,相互促进的.

追求数学中的奇异性曾导致了很多重要数学成果.比如外尔斯特拉斯发现的处处连续而处处不可微的函数,皮亚诺发现的能跑遍一个平面的曲线,以及罗素悖论等.数学家看到这些高度奇异的成果时的感觉,与普通人看到极其珍贵的艺术品时所感到的震颤是一样的.数学的发展就像精彩的故事一样,波澜起伏,扣人心弦,既在情理之中,又在意料之外,是统一性和奇异性的巧妙结合.在古希腊时期,毕达哥拉斯学派以有理数为基础解释宇宙,自以为实现了高度的统一.奇异的无理数的出现打破了这种统一性,促使人们从依靠直觉和经验转向依靠证明,导致了欧几里得公理化几何体系的诞生.又如,δ函数是具有高度奇异性的函数,不能包含在古典函数的范围内,然而正因为有了δ函数,才能建立指数函数与多项式的傅里叶逆变换,广义函数论才能诞生,线性常系数偏微分方程的一般理论才能建立起来.这类例子可以举出许多.

除了以上四个基本原则之外,还可以举出守恒性、均匀性、齐次性、秩序性、因果性等规则,这些规则都可以看作从上述基本原则之上生成出来的.我们可以看到,获得数学直觉的这些指导性原则,是由数学认识过程的性质所决定的,具有逻辑上的必然性.因而我们才说,数学直觉思维并不是非理性的东西.

作为获得数学直觉的指导性原则的进一步展开,还可以适当补充一些比较具体的研究策略或方法.它们是由许多数学家根据自己的体验总结出来的.如果运用得好,它们有助于提高人们的思维效率,更快获得直觉.

第一,不要在疲劳的时候做需要全神贯注的工作.因为此时精力不足,思维效率低,直觉在这种状态下永远不会出现.数学家 J. E. 李特沃德(J. E. Littlewood)告诫人们:要不就全力以赴,要不就彻底休息.什么事也没有做同时又没有休息和放松,这是十足的浪费.因为在创造性工作中(联想的)速度是重要的.他建议人们警惕工作过量的各种迹象,比如过于沉迷于工作的重要性,整天想个不停,或在梦中焦虑不安.他说到旅游、爬山、音乐、打球等都有助于脑力工作者充分松弛一下,恢复精力.另外,切勿在饱餐后两小时就工作,因为血液不能同时供应两个部位.这些忠告都是很有益处的①.很明显,数学直觉不能单靠绞尽脑汁就自然而然地产生.有意识地追求直觉,反而可能追求不到.我国有句古语:"文武之道,一张一弛."这句话用在数学思维中也是很适合的.

第二,获得直觉之前不能过于疲劳,但是这并不等于说,可以不费气力就等来直觉的出现.在获得直觉之前,思想必须达到饱和状态.这需要对问题和有关资料进行长时间的考虑,对问题抱有浓厚的兴趣,对问题的解决抱有强烈的愿望.或许经过连续几天的专心思考之后,自觉的逻辑思维已达到了获得关键性观念的边缘,必要的心态也形成了,这样才有可能把下意识的思维活动调动起来.

第三,直觉的产生有时需要来自外界的刺激或启示,因而,在获得直觉之前,与别人进行思想接触可能产生积极的促进作用.比如,与同事或一个外行进行讨论,做有关的学术演讲,阅读别人的,特别是与自己观点不同的论文,阅读似乎与本题无关的论文或书籍,等等.这种思想交流常常成为一种"触媒",使直觉于无意中突然闪现.

第四,当直觉出现时,必须随时记下.因为新想法常常瞬息即逝,需要及时捕获,牢记在心.最好的办法是养成随身携带纸笔的习惯,记下闪现在脑海中有独到见解的每一个念头.印度数学家拉马努金就是这样做的.他的笔记本总是随身带着,随想随记,因而才积累起大量的数学"珍宝".还有些数学家在获得直觉后,马上停下手中的工作,尽快地把新想法记录下来.比如,英国数学家哈密尔顿在获得关于"四元数"的直觉之后,立即停下脚步,当场就在笔记本上记录下来.这很类似我国宋代诗人苏东坡所说:"作诗火急追亡逋,清景一失后难摹."

第五,虽然直觉在数学发展中十分重要,而且数学直觉在大多数

---

① J. E. Littlewood:《数学家的工作艺术》,《数学译林》,1983 年第 4 期.

场合都得出有意义有价值的结果,但也不能盲目相信.直觉导致错误的例子也是数不胜数的.直觉的价值需要及时鉴别.只有及时发现并放弃无益的直觉,才能更准确更迅速地捕获有益的直觉,这方面的能力也是需要注意训练的.鉴别直觉的标准除了逻辑验证与实践检验之外,还有一个美学标准.掌握好这个标准,对于提高数学直觉思维能力,也是很重要的.

6.4 数学直觉的美学标准

关于数学直觉与数学美的关系,学术界有许多不同观点.人们一般都承认数学美是存在的,并且在数学认识活动中有重要作用.但对于什么是"数学美",则其说不一.有些数学家认为,我们前面提到的获得数学直觉的那几个指导性原则,如简单性、统一性、对称性、奇异性等,本身就是数学美的内容.庞加莱说过,简单性就是一种美,外尔说"对称性和美紧密相连",弗兰西斯·培根认为"没有一个极美的东西不是在调和中有着某些奇异!"德国物理学家海森堡则指出:"美是一个部分与另一部分及整体的固有的和谐."还有些数学家从笼统的意义上谈论数学美.罗素认为:"数学,如果正确地看它,不但拥有真理,而且也具有至高的美,正像雕刻的美,是一种冷而严肃的美,这种美不是投合我们天性的微弱的方面,这种美没有绘画或音乐的那些华丽的装饰,它可以纯净到崇高的地步,能够达到严格的只有最伟大的艺术才能显示的那种完满的境地[1]."

那么,什么是"数学美"呢?我们认为,数学美可以说是带有一定主观感情色彩的精致的直觉.判别数学美的标准,除受数学家具有一般性的实践活动影响外,还与数学家个人的思想文化修养及艺术鉴赏能力有关,涉及较复杂的文化背景.并不是每个理解和使用数学直觉的人,都自觉地从美学角度考虑问题.一般说来,强调数学美的人,往往是那些同时有多方面爱好、兴趣和才能的,特别是在哲学和艺术上有较高造诣的大数学家.

数学美中无疑包含着简单,统一、对称、奇异等内容.但是又不能把数学美单纯地归结为简单、统一、对称和奇异.古希腊时期的数学内

---

[1] 罗素:《我的哲学的发展》,商务印书馆,1982年,第193页.

容,可以说足够简单、足够统一、足够对称的了,无理数的发现也说得上足够奇异的了.但是不能说那时的数学已经有了足够的美(当然我们并不排斥当时已存在的某种数学美的成分).正如在现实生活中,美与丑的概念是相对的,对数学美的判断也要考虑到思想文化背景.一般说来,能被称为"数学美"的对象和方法,应该是具有在极度复杂的事物中揭示出的极度的简单性,在极度离散的事物中概括出的极度的统一性(或和谐性),在极度无序的事物中发现的极度的对称性,在极度平凡的事物中认识到极度的奇异性.具有简单性、统一性、对称性和奇异性的数学对象与其背景反差越大,则显得越美,越有吸引力.比如,欧几里得几何学同以前的经验性几何学知识相比,是很美的,但F.克莱因用群的变换思想统一各几何学分支的"埃尔朗根纲领",就比欧几里得几何学更美,而希尔伯特的公理化理论则比"埃尔朗根纲领"更美.因为在涉及的知识领域越来越扩大的情况下,它们一个比一个更简单,更具有统一性、对称性和新奇之处.相比之下,最美的应该是希尔伯特的公理化理论,而不是欧几里得几何学.这样来追求数学美,才会促进数学的发展,促进人们认识的深化.

以上我们说的是数学成果的美的比较.数学美还有另一个方面,那就是方法上的美.我们可以举这样一个较简单的例子,来说明数学方法的美的含义.大数学家高斯有这样一个思想特点,他的著作力求简洁、清晰、优美,有一种冷峻的美感.他要求自己"把每一种数学讨论压缩成最简洁优美的形式".1836 年 8 月 22 日,他的朋友舒马赫(Schumacher)给他写信,说明了勒姆柯尔(Rümcker)关于通过椭圆外一点作椭圆切线的作图法(图 14):

勒姆柯尔通过 P 点画出任意四条割线 $PA_iB_i(i=1,2,3,4)$,线段 A_1B_2,A_2B_1,A_3B_4,A_4B_3 分别相交于 C、D 两点,然后通过 C、D 两点的直线交椭圆于 Q_1、Q_2 两点.联结 PQ_1、PQ_2,就是所求的切线 t_1 和 t_2.舒马赫看到,这个"很漂亮的问题"能够用更简单的方法解决:只需三条割线,因为 A_2B_3 和 A_3B_2 的交点也在 CD 线上,所以有 PA_iB_i $(i=1,2,3)$ 就足够了.

可是,在接到舒马赫的信六天之后,高斯给出了一个更为简单的解法:只需两条割线.因为他发现 A_1A_2 和 B_1B_2 连线的交点 R 也在

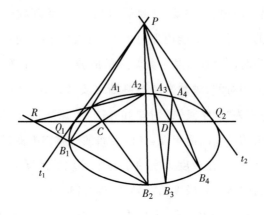

图 14

CD 线上,所以有 PA_1B_1 和 PA_2B_2 就足够了. 高斯的解法是不是更美呢? 每个读者自然会得出肯定的回答.

下面我们来讨论美学标准在鉴别数学直觉方面的作用.

由于数学美是一种精致的直觉,所以数学家对这种直觉总是评价很高. 美的数学观念常常被赋予较多的信任. 人们常说真、善、美是统一的. 这句话用于数学认识过程,指的就是数学观念的正确性、重要性和形式上的美感的统一. 外尔曾经说过:"我的工作总是努力把美和真联系起来,而当我必须做出选择时,我通常选择美①." 庞加莱说:"数学家非常重视他们的方法和理论是否优美,这并非华而不实的作风,那么,到底是什么使我们感到一个解答、一个证明优美呢? 那就是各个部分之间的和谐、对称,恰到好处的平衡. 一句话,那就是井然有序,统一协调,从而使我们对整体以及细节能有清楚的认识和理解,这正是产生伟大成果的地方②." 冯·诺伊曼说:"我认为数学家无论是选择题材还是判断成功的标准主要都是美学的③." 美国数学家L. A. 斯蒂恩(L. A. Steen)甚至认为:"在数学定理的评价中,审美的标准既重于逻辑的标准,也重于实用的标准:美观与高雅对数学概念的评价来说,比是否严格正确、是否可能应用都重要得多④." 这种观点看来有些过分. 然而作为物理学家的狄拉克(P. A. M. Dirac)也说:"研究工作

① P. D. 库克:《现代数学史》,内蒙古人民出版社,1982 年,第 94 页.
② 郑毓信:《数学方法论入门》,第 91 页.
③ 《数学史译文集》,第 122 页.
④ L. A. 斯蒂恩主编:《今日数学》,上海科学技术出版社,1982 年,第 12 页.

者,在他致力用数学形式表示自然界时,主要应该追求数学美.他还应该把简单性附属于美而加以考虑.(比如,爱因斯坦在选择万有引力定律时,采用了与其空时连续统相容的最简单的一种,并获得了成功.)通常,简单性的要求和美的要求是相同的.但是,在它所发生冲突的地方,后者更为重要①."

为什么根据美学标准来鉴别和选择数学直觉,在很多时候能获得成功呢? 从思维科学角度看,原因在于美学标准有可能在整体上反映了数学理论体系内部的有机联系,要比局部的单纯的分析更接近于现实世界的本来面目.美学标准中凝结着数学家以往实践活动中积累的大量经验和直觉材料,具有一定的客观意义.恰如海森堡所说:"如果自然把我们引到非常简单美丽的数学形式……我们会情不自禁地认为它是真理,认为它揭露了自然的真正特征②."A.波雷尔曾经说过,数学中的美学并不总是那么纯净而奥秘,也包含几条较为世俗的检验标准,例如意义、后果、适用、用途——不过是在数学科学的范围内.我们称之为美学的东西,实际上往往是各种观点的聚合③.这就是说,正因为数学的美不是孤立存在的,它是真与善经过高度思维加工之后的曲折反映,因而美学标准才对数学发展有重要指导意义.当然,也不应忽视美学标准中还有主观的随意的成分.片面强调美学标准,也会导致错误的选择.换句话说,我们只能把美学标准作为必要条件,不是充分条件.

6.5　数学右脑思维的限度

我们前面讨论过数学左脑思维的限度,现在有必要看一看数学右脑思维的限度.

前面说过,在数学猜测过程中,有左脑思维的成分,但主要的成分是右脑思维.而在数学想象和数学直觉中,完全是右脑思维在起作用.苏联科学家谢尔盖耶夫指出:"要创造性地考虑问题,只有一个逻辑机关是不够的,必须有直觉,而这是右半球的最重要功能.在每个问题

①　P. A. M. 狄拉克:《数学和物理学的关系》,《自然科学哲学问题丛刊》,1982 年第 2 期.
②　L. A. 斯蒂恩编:《明日数学》,华中工学院出版社,1937 年,第 34 页.
③　A. Borel:《数学——艺术与科学》,《数学译林》,1985 年第 3 期.

中,左半球能区分出最重要、最关键的因素.但要解决这个问题,只有这些是不够的,同时左半球也是无能为力的.右半球能抓住问题的全部,它容易形成各种联想,并很快进行选择.这能帮助左半球辨明形势,并推出假定,形成思想.即使是荒诞的,但也常常是不俗气的和正确的."

他还介绍说,右半球是无意识的球体.在右半球,思维过程是秘密地、不靠左半球进行的.左半球熟悉的只是这项工作的最终结果.这就是为什么指挥一切的左半球不能干扰这项秘密工作和扼杀这个尚未开始诞生的、对它来说是突然和不合常情的思想之因,右半球能抗干扰,能在任何环境中(包括睡眠时)不停地工作.恍然大悟可能在梦中出现,也可能在我们大脑从事完全另外一件事时出现.这是右半球创造性劳动的结果.右半球需要外界刺激,这是左半球的责任.左半球确定右半球的任务,提供给右半球以能量和愉快心情的必要储备,以及没有根据的,但在最终取得效果时所必需的信心.然后,再用逻辑机关分析右半球的初步看法①.

同左脑思维的特点相比较,数学右脑思维的特点显然是具有形象性、非逻辑性,以及无法用符号语言明确表达的特性.运用思维科学和心理学的术语来说,数学左脑思维是一种"收敛思维",而右脑思维是一种"发散思维".收敛思维注重一丝不苟的逻辑分析的验证.无论多么庞杂的现象或素材,最终都被验证压缩在简洁明了的逻辑框架里.发散思维强调海阔天空自由创造,由此及彼浮想联翩.数学的猜测、想象和直觉都属于发散思维的范围,其中又以数学想象最为突出,发散的特征最强.从脑科学角度看,左半球的许多功能非常清楚地同其一定的区域联系着,这些区域都很好地相互隔离.这恰好符合收敛的特点.右半球的局部划分就不很精细.半球的宽阔区域都参加完成任何一种行动.参加执行严格限定任务的神经元在此扩散得很厉害,而且同从事其他工作的神经元混杂.这又恰好符合发散的特点②.

一般说来,数学上的新思想、新概念和新方法大都来自发散思维.按照现代心理学家的见解,数学家创造能力的大小应和他的发散思维

① 谢尔盖耶夫:《智慧的探索》,第 267-268 页.
② 谢尔盖耶夫:《智慧的探索》,第 253-254 页.

能力成正比.这种创造能力可用下面的公式来估计：

$$创造能力＝知识量×发散思维能力$$

这里提到知识量的问题.因为知识量越大,则猜测、想象和直觉的领域越宽广,产生出新思想、新概念和新方法的机会就越多.事实上,很难想象知识面狭窄的学者能有多大发明创造能力.

数学猜测、数学想象和数学直觉,通常被人们统称为数学创造性思维活动.但是需要注意,数学创造所需要的发散思维,不可能脱离收敛思维而单独起作用.一般说来,数学创造往往开始于不严格的发散思维,而继之以严格的收敛思维,两者相辅相成,才能完成数学创造的全过程.以计算机为工具的现代科学计算,能够帮助数学工作者大大扩展数学创造中发散思维与收敛思维两方面的能力,也应认真加以利用.

数学右脑思维尽管从事着创造性的劳动,但毕竟只能贡献出半成品,而无法提供严格、精确的数学理论成果.在右脑思维的半成品中,有珍贵的新思想、新概念、新方法,也有荒谬无用的废料,需要认真筛选,取其精华,去其糟粕.数学史上有许多事例表明,通过猜测、想象和直觉能够获得重大数学发现.其实,这些为人们称道的事例是经反复筛选保留下来的,它们在人类右脑思维的全部产品中只是为数很少的一部分.因此,不能以为人们只要一经猜测、想象或直觉,就一定有重大发现不期而至.数学右脑思维的能力是有限度的,其限度在于它只能提供不严格、不确切、不十分可靠的东西.这些东西若不经加工,还不能称为数学成果.应该说,右脑思维提供数学发现的种子,使其生根、发芽、成长,但是要结出丰硕的果实,还需要左右脑密切配合发挥作用.

数学研究与左右脑思维的配合

七　数学研究与左右脑的配合

7.1　数学研究中左右脑配合的作用

在前面几章里，我们从不同方面讨论了数学与左脑思维的关系以及数学与右脑思维的关系，其中许多地方实际上已涉及左右脑思维的关系及相互配合问题.但上面的讨论主要着重于数学思维的不同方面，还缺乏对整个数学思维过程的完整叙述.因此，这里从数学研究的过程分析入手，系统讨论一下左右脑配合在数学发展中的作用.

数学研究是探索性的思维活动.它立足于已知的数学知识领域，探求未知领域的数学对象、方法及其规律性.数学研究是从具体数学问题开始的.希尔伯特指出："正如人类的每项事业都追求着确定的目标一样，数学研究也需要自己的问题.正是通过这些问题的解决，研究者锻炼其钢铁般的意志和力量，发现新方法和新观点，达到更为广阔和自由的境界."①

有了确定的数学问题之后，研究人员需要进行必要的准备，包括对有关资料的搜集，对问题的历史和研究现状的了解，等等.研究人员的心理准备也是值得重视的.只有对研究课题有一种锲而不舍，"打破砂锅问到底"的精神，才有希望取得突破.

当进入正式研究阶段之后，首先要做的事情是对问题进行全面、系统的逻辑分析，把问题的核心部分突出地表现出来.这个核心部分可能是一种未知的概念或方法，也可能是已知数学对象之间的一种未知联系（一条未知的公理或定理、法则）.由于核心部分内容不同，要采取的相应思维方法也不相同.可能的思维方法是：第一，进一步加以抽

---

① 康斯坦西·瑞德：《希尔伯特》，第 93-94 页.

象;第二,进一步符号化或形式化;第三,进一步公理化;第四,按照常规逻辑方法提出某种猜测;第五,根据想象提出某种猜测;第六,根据直觉提出某种猜测.左右脑思维的配合就由此开始,在每一种情况下发挥着不同的作用.

第一种方法适用于因抽象程度不够而造成问题的场合.这时的任务是通过抽象思维发现一种抽象程度更高的新概念、新方法.左脑是抽象思维的主力,但右脑的配合是必不可少的,特别是在强抽象和完全理想化的抽象时,特别需要右脑的综合、想象和创造能力.右脑能不能独自进行抽象思维呢? 谢尔盖耶夫曾给予肯定回答.他指出右脑的抽象思维带有形象性质,同逻辑结构没有联系,不能用语言表达,因而人们对其了解甚少,难以述说[①].在我们看来,与其说右脑进行抽象思维,不如说右脑参与抽象思维为宜,因为通常对"抽象"的理解范围较窄,没有考虑到弱抽象之外还有很多抽象方式.

第二种方法适用于因符号化或形式化程度不够而造成问题的场合.这时的任务是创造合适的数学符号,提高数学问题的形式化程度,为解决问题铺平道路.数学的符号语言显然是由左脑来处理的.但创造或运用一种符号,必须有一定的形象思维和记忆活动,这又与右脑有关.在数学家的头脑中,数学符号并不是孤零零的古怪东西,而是活生生的数学思想的具体表现.它使人们产生许多联想.从数学符号语言中,可以获得对整个数学知识体系的形象化的深入理解.

第三种方法适用于因公理化程度不够而造成问题的场合.这时的任务是提出更为普遍、更为深刻的新的公理,提高数学理论的公理化程度.数学的公理化以左脑思维为主,右脑的作用是帮助左脑综合和整理材料,提出对新的公理的设想,并加以选择和鉴别.特别是一些同感性直观和常识相冲突的新公理的提出,不仅需要逻辑思维的缜密,更需要大胆的想象.非欧几里得几何学公理体系、非阿基米德公理、非交换和非结合的代数等,最初提出时都包含大胆想象的成分,这时右脑思维的作用就更突出一些.

第四种方法运用于按照常规逻辑方法(类比、归纳、演绎、分析、综

---

① 谢尔盖耶夫:《智慧的探索》,第 174-175 页.

合等)可以推断问题答案的场合.这时的任务是运用逻辑思维获得可能的猜测,其思维活动主要是左脑完成的.但是,由于此种方法包含不可靠类比和不完全归纳的情况,所以出错的可能性还是很大的,同样需要右脑思维帮助选择和鉴别.

第五种方法适用于常规逻辑方法行不通,需要大胆冲破传统观念束缚的场合.想象是此时唯一能够比较自觉地运用的方法,其思维类型完全转移到右脑这方面来了.数学想象是否可以完全无须左脑的配合呢? 当然不是.想象可以不符合感性直观和常识,但不能不合逻辑.寻常被人们以为不合逻辑、荒诞不经的想象,实际上往往是同人们的直观和常识发生了冲突.数学想象的展开是要借助逻辑线索的,比较复杂的想象一般都具有较高的抽象层次.在这些地方,数学想象都需要左脑思维的大力配合.

第六种方法运用于通常可自觉运用的方法都行不通,需要借助灵感或直觉才能有所突破的场合.这时的任务是充分调动下意识活动的功能,通过一番大彻大悟,抓住问题的关键.数学直觉思维本身是左脑思维无法插手的,但直觉思维需要左脑从外部给予刺激,提供必要的心态和信心.获得数学直觉的若干指导性原则的产生,也与左脑思维有一定的联系.数学猜测、想象和直觉能力的高低,与研究人员的知识背景都有密切联系,而以往知识的内容和结构,都与左脑思维相关.这就是说,即使在极典型的右脑思维领域内,左脑思维的配合作用仍然是不可缺少的.

综上所述,无论哪一种思维方法,都需要左右脑的密切配合,这种配合作用总要导致一种较为合理的猜测.然后,需要对这种猜测进行认真的证明、反驳、重构.猜测与反驳的交互作用可能提出新的问题,重新开始研究历程;再产生新的猜测;也可能通过评判、检验和确证,导致问题的最终解决.这个阶段是左脑思维大显身手的时期.待到思路已经畅通,答案已经获得之时,需要进行严格的逻辑整理,使整个研究成果以最清晰简洁的形式出现.应该说,数学研究是从左脑思维开始的,又以左脑思维终结.如果只看数学研究的出发点和结果,那就可能产生一种误解,似乎整个数学研究完全是左脑思维在起作用.实际上,只要深入考察数学研究的实际思想过程,那就必然得出这样的结论：数学研究是左右脑思维相互配合发挥作用的过程.

关于数学研究的实际思维过程,庞加莱和阿达玛都有过专门论述.庞加莱把数学的创造性思维过程划分为收集——酝酿——发现——证明四个阶段,阿达玛则划分为准备——酝酿——豁朗——完成四个阶段.还有其他一些科学家和心理学家提出过类似的模式①.他们显然都注意到了数学研究中左右脑配合的作用.然而,由于诸种原因,有些数学工作者往往忽视了这种作用,以为数学研究单靠逻辑思维即可贯彻始终,实际上抑制了自己创造性的思维活动.美国数学家 P. J. 戴维斯和 R. 赫西指出,数学研究中起作用的天资在大脑两半球上都能找到,并不只限于左半球的语言的分析的特征.思想的非语言的、空间的、非解析的方面,在那些最优秀的数学家的实际工作中是相当显著的,尽管他们说的也许不如做的那样多.由此可以得出一个合理推论,那就是特别不重视空间的、视觉的、动觉的、非语言的思想方面的数学文化,并没有充分利用大脑的全部能力.②

7.2 数学研究中左右脑配合的方法

在数学研究中如何使左右脑配合发挥作用呢？很难说有一套定型的、机械的方法,因为创造性思维活动本身不允许这样处理.但是,针对数学研究工作者中比较普遍存在的一些问题,提出若干建议,将是有益处的.

目前看来,数学研究工作者中比较普遍存在的主要问题,是过于强调左脑思维,忽视了对右脑潜力的开发,这个问题在我国数学工作者中间表现得更突出一些,其原因部分在于我国传统文化环境的影响.

数学工作者给外行人的印象,常常是性情孤独,脾气太怪,只愿意和抽象的数学符号打交道,对世事人情不感兴趣等,这是很大的误解,同那些充满创造活力的优秀数学家的真正形象相去甚远.然而,有些想成为数学家的人,确也如此这般地要求自己,仿佛不清心寡欲就不能成才.造成这种现象的原因,一是人们常常就数学成果本身来宣传

---

① 转引自傅世侠:《创造》,第 39-40 页.
② P. J. Davis,R. Hersh:The Mathematical Experience. Chapter Ⅺ.

数学家的形象,仿佛带名字的数学定理,如"洛必达法则""伽罗瓦群"
"希尔伯特空间"等,就是这些数学家的化身;二是数学理论比较抽象
深奥,一般人很难同数学家自然而又充分地交流思想,在相互了解上
有一定障碍;三是有些数学工作者热衷于就数学钻数学,把数学单纯
当作一门技术性活动而不是当作一种文化形态来对待,因而他们只是
按常规要求和方法去"做"数学,却不愿考虑数学与现实生活其他方面
的有机联系.我国的传统文化往往从实用角度理解数学的价值,这就
使"做"数学的倾向变得更为突出.另外,现代数学发源于西方注重分
析、理性和审美意识的文化环境中,因而与东方的注重综合、经验、直
观、领悟的文化气氛有一定距离.东方的艺术(音乐、绘画、雕塑等)与
数学的关系,不如西方艺术与数学的关系那样密切,这也使得一些数
学工作者为了追求数学而舍弃对其他文化形态的兴趣.因此,不少数
学工作者力求不停地,甚至加倍地使用左脑思维,但成效甚少.他们希
望获得高斯、庞加莱、希尔伯特那样举世瞩目的成就,为此不停奋斗,
却没有意识到思维结构和方法上的差距.

要改变这种状况,有必要从以下几个方面着手:

第一,努力改变数学研究工作者的知识结构和文化素质,使数学
工作者不仅精通于数学本身的逻辑思维,也对那些非逻辑思维特征较
强的文化知识和活动逐渐有所了解,产生兴趣,从中培养和训练自己
的猜测、想象和直觉思维能力.数学工作者们开始利用一些时间阅读
文艺作品、欣赏音乐和绘画、作诗、郊游,从事某些脑手并用的体育活
动,使自己的想象力和创造力在这些活动中自由地展开,用以发展右
脑思维,逐步达到与左脑思维平衡发展的目的.在数学史上,最优秀的
数学家可以说都是思想家,而不是只会"做"数学的能工巧匠.这些人
学识渊博、兴趣广泛、见解深刻、能力超群.笛卡儿、莱布尼茨、庞加莱、
罗素既是一流的数学家,又是一流的哲学家.希尔伯特、爱因斯坦、
冯·诺伊曼等人在数学、物理和音乐方面都达到了精湛的水平.
达·芬奇既是数学家,又能创造出"蒙娜丽莎"这样的传世之作.无数
例子表明,数学工作者的知识和才能必须全面地发展,才能使左右脑
思维的配合达到较高的水平,获得创造性的数学发现.

第二,要努力学习数学思想史,了解前人从事数学研究的实际思

想过程,在深入体会左右脑配合作用的同时,仔细琢磨前人开发和运用右脑思维的经验教训,用于指导自己思维能力的提高.由于数学研究历来比较重视理论成果的积累和传授,而理论成果经过严格逻辑整理之后,已抹掉了右脑思维的作用痕迹,所以关于数学发现实际思想过程的历史记载是很不完全的.高斯曾经说过,当一座精美的建筑物落成之时,不应该再看到脚手架.雅可比认为高斯的数学证明是"僵硬的和冻结的……以至于人们必须首先融化它们."阿贝尔说:"他像一只狐狸,总是用尾巴扫平在沙地上的踪迹."就整理和"浓缩"数学知识的目的而言,高斯的观点是对的,然而后代的数学家不仅需要理论成果的传授,更需要"脚手架""追踪"这些在探索未知世界时用得着的东西.正是这些东西能够开发数学家右脑思维的潜力,激励创造性,推动数学的进一步发展.记载数学研究实际思想过程的史料并不多.除了一些数学思想史专著之外,更主要的资料来源是数学名家的全集、选集和传记材料.一些数学家讨论数学思想方法的演讲、谈话记录、杂文和别人的回忆录等材料,都有可能包含或反映出数学家工作时的真实思想状况.其中肯定会有许多涉及数学猜测、想象和直觉以及数学思维中左右脑配合的内容,值得认真注意.这些材料比较零散,还需要专门加以分析整理.从数学左右脑思维配合的角度出发,应该重点选择哪些数学家的有关论述和思想记录,使之更具有启发性,更有益于右脑思维潜力的开发,这是今后数学思想史研究的一个重要课题.

第三,要自觉学习和掌握数学方法论,了解数学思维规律,有意识地训练自己的思维能力.数学方法论主要是研究和讨论数学发展规律、数学思想方法以及数学中的发现、发明与创新等法则的一门学问[①].数学与思维的关系可以看作数学方法论的一个组成部分.数学方法论还有其他方面的内容,如对数学模型方法的探讨、关系映射反演原则的应用、数学各主要分支的思想方法、数学基础研究的方法论、数学推理模式、数学研究的非常规方法等.通过探讨这些方面内容,可以按科学规律自觉地训练右脑,在从事创造性思维活动中有所遵循.数学工作者应该经常注意来自心理学、思维科学、脑科学等领域的新

---

① H. Meschkowski:Ways of thought of great mathematicians. p. 62-63.

的研究成果,看能否运用这些新成果指导自己右脑潜力的开发.数学与思维的关系,以至整个数学方法论,应该是每个数学工作者都来关心和共同研究的课题.中国有句老话,叫"磨刀不误砍柴工".数学方法论是数学工作者手中的"刀",这把刀磨得锋利了,能够运用自如,才会得心应手,取得丰硕成果.

第四,要注意学习现代科学哲学,特别是要注意反映论观点和辩证思维方法.前面说过,左脑思维的特征是逻辑思维,而我们通常所说的逻辑思维指的是形式逻辑思维.我们说右脑思维具有非逻辑特征,也是说它具有不同于形式逻辑思维的特征.从更广泛的意义上说,"逻辑"中还包含有辩证逻辑的内容,它指的恰恰是人们思维过程自身的规律.右脑思维的非逻辑特征实际上就是辩证逻辑的特征.右脑思维方法说到底也就是辩证思维方法,这种思维方法是需要从哲学高度认真理解和掌握的,它会为数学思想史和数学方法论研究提供一个深刻的思想基础.当然,学习辩证思维方法不一定局限于有关的科学哲学原著,还应注意研究一些数学名家的哲学思想,了解他们对辩证思维的理解和论述.希尔伯特、庞加莱、外尔、库朗、冯·诺伊曼、哥德尔等人对辩证思维都有相当深刻的理解和精辟的论述,值得认真体会、思考.

第五,要加强实践环节,勇于实践,在数学研究实际过程中不断训练左右脑配合的能力.左脑思维和右脑思维能否配合得好,不仅是一个理论问题,更重要的是一个实践问题,或者说技巧问题.恰如人的左手和右手的配合动作,一般人都知道应该配合,怎样配合,但高难度的动作只有经特殊训练的人,比如杂技演员,才能干净利落地做出来.为什么呢? 因为熟能生巧.要想娴熟,必须苦练.左右脑能否配合得好,必须在反复锻炼中才能知晓.至于什么时候以左脑思维为主,什么时候以右脑思维为主,两种不同类型的思维在不同阶段各占多大比例,这些事情都没有确定标准,因人而异,因事而异,全靠自己在实践中掌握.

以上我们只是提出了一些原则性建议,并没有谈数学研究中左右脑配合的更为具体的方法.我们认为,要开发右脑思维的潜力,提高左右脑配合的能力和水平,必须经过实实在在的艰苦努力,改变自己的知识结构和文化素质，学习和掌握数学思想方法，使自己的头脑通过潜移默化的过程发生变革，形成新的思维模式和习惯. 这是对头脑的训练，不是对手和脚的训练，因而不可能有过于具体的技术性的方法. 当然，贯彻上述原则都还有许多细致问题需要进一步探讨，这是有待今后努力的.

人名中外文对照表

A. 韦伊/A. Weil

E. 库莫尔/E. Kummer

F. 克莱因/F. Klein

F. 维叶特/F. Viete

G. 萨开里/G. Saccheri

H. 汉克尔/H. Hankel

H. 外尔/H. Weyl

I. J. 古德/I. J. Good

J. E. 李特沃德/
     J. E. Littlewood

J. 华利斯/J. Wallis

L. A. 斯蒂恩/L. A. Steen

L. 德布朗基/L. de Branges

R. F. 丘奇豪斯/
     R. F. Churchhouse

R. 赫西/R. Hersh

R. 库朗/R. Courant

R. 托姆/René Thom

S. 拉马努金/S. Ramanujan

T. 班乔夫/T. Banchoff

阿达玛/J. S. Hadamard

阿蒂亚/M. F. Atiyah

埃拉托色尼/Eratosthenes

巴拿赫/Banach

巴特利特/F. Bartlett

比勃巴赫/Beberbach

戴维斯/P. J. Davis

狄拉克/P. A. M. Dirac

丢东涅/J. Dieudonne

伽登纳/Gardner

哥德尔/K. Gödel

格拉斯曼/H. G. Grassmann

怀特海/A. N. Whitehead

卡丹/Cardan

凯莱/A. Cayley

科恩/P. Cohen

科恩/P. J. Cohen

兰伯特/H. Lambert

勒姆柯尔/Rümcker

鲁金/Лузин

米尔诺/Milnor

帕什/M. Pasch

庞加莱/H. Poincaré

皮埃尔·德林/Pierre Deligne

丘奇/A. Church

舒马赫/Schumacher

斯特劳斯/C. Strauss

塔尔斯基/A. Tarski

塔乌里努斯/F. A. Taurinus

图灵/A. M. Turing

乌拉姆/S. Ulam

须外卡特/F. K. Schweikart

约当/Jordan

数学高端科普出版书目

数学家思想文库

书　名	作　者
创造自主的数学研究	华罗庚著;李文林编订
做好的数学	陈省身著;张奠宙,王善平编
埃尔朗根纲领——关于现代几何学研究的比较考察	[德]F.克莱因著;何绍庚,郭书春译
我是怎么成为数学家的	[俄]柯尔莫戈洛夫著;姚芳,刘岩瑜,吴帆编译
诗魂数学家的沉思——赫尔曼·外尔论数学文化	[德]赫尔曼·外尔著;袁向东等编译
数学问题——希尔伯特在1900年国际数学家大会上的演讲	[德]D.希尔伯特著;李文林,袁向东编译
数学在科学和社会中的作用	[美]冯·诺伊曼著;程钊,王丽霞,杨静编译
一个数学家的辩白	[英]G.H.哈代著;李文林,戴宗铎,高嵘编译
数学的统一性——阿蒂亚的数学观	[英]M.F.阿蒂亚著;袁向东等编译
数学的建筑	[法]布尔巴基著;胡作玄编译

数学科学文化理念传播丛书·第一辑

书　名	作　者
数学的本性	[美]莫里兹编著;朱剑英编译
无穷的玩艺——数学的探索与旅行	[匈]罗兹·佩特著;朱梧槚,袁相碗,郑毓信译
康托尔的无穷的数学和哲学	[美]周·道本著;郑毓信,刘晓力编译
数学领域中的发明心理学	[法]阿达玛著;陈植荫,肖奚安译
混沌与均衡纵横谈	梁美灵,王则柯著
数学方法溯源	欧阳绛著
数学中的美学方法	徐本顺,殷启正著
中国古代数学思想	孙宏安著
数学证明是怎样的一项数学活动?	萧文强著
数学中的矛盾转换法	徐利治,郑毓信著
数学与智力游戏	倪进,朱明书著
化归与归纳·类比·联想	史久一,朱梧槚著

数学科学文化理念传播丛书·第二辑	
书　名	作　者
数学与教育	丁石孙,张祖贵著
数学与文化	齐民友著
数学与思维	徐利治,王前著
数学与经济	史树中著
数学与创造	张楚廷著
数学与哲学	张景中著
数学与社会	胡作玄著

走向数学丛书	
书　名	作　者
有限域及其应用	冯克勤,廖群英著
凸性	史树中著
同伦方法纵横谈	王则柯著
绳圈的数学	姜伯驹著
拉姆塞理论——入门和故事	李乔,李雨生著
复数、复函数及其应用	张顺燕著
数学模型选谈	华罗庚,王元著
极小曲面	陈维桓著
波利亚计数定理	萧文强著
椭圆曲线	颜松远著